跟动物学生存

〔美〕斯特凡·斯瓦内普尔　著
岳小乐　译

商务印书馆
创于1897 The Commercial Press
2014年·北京

Stefan Swanepoel

SURVIVING YOUR SERENGETI

7 Skills to Master Business and Life

谨以此书献给那些拥有生活既定目标与热情的人，特别要献给我的朋友撒迦利亚、我的精神导师和我的父亲

关于本书的推荐评价

“管理学方面难得的一本好书。令人愉悦，蕴含可观的信息量，附带成功所需的清晰应用指导。”

——加州大学洛杉矶分校 安德森管理学院 约翰·乌尔曼博士

“一场非凡的‘视觉’盛宴，激发潜能，将商业技能提升等级。我被此书深深吸引，几乎不愿放下！”

——凯勒·威廉姆斯国际房地产公司首席执行官 马克·威利斯

“一本内含冒险与智慧的书籍，触动生活，增强自身效率，我非常乐读此书。”

——美国畅销书《给予力量》与《给予力量续集》作者 鲍勃·伯格

“《跟动物学生存》是一次关于生命与事业令人振奋的旅行，无论老幼都适合阅读此书。”

——美国房地产协会会长　戴尔·斯廷顿

“在多变的经济环境下生存需要的不仅仅是好的商业意识，这本给力的好书将对读者进行启迪，令他们追随自己的梦想，克服看似不可能战胜的困难。”

——RE/MAX 国际房地产公司主席、创始人　戴夫·利尼格

“十分精彩！斯瓦内普尔证明了他不仅能够对房地产业的趋势进行分析预测，还能书写商业寓言故事。令人振奋兼顾教育意义，这本书都做到了。”

——Realogy 特许经营组织主席、首席执行官　亚历克斯·佩列洛

“现世经典！发现最佳策略以度过艰难时期！”

——Yourcoach 网站首席执行官、纽约时报畅销书《为生命设计》作者　汤姆·费里

“此书书写技巧娴熟，引人注目。我毫无保留地向那些需要对成功计划进行调整的读者推荐！”

——U.S Learning 公司总裁、纽约时报畅销书《一分钟企业家》与《一分钟谈判专家》合著者　唐·赫特森

“令人惊叹！优秀的故事！我做其他事情的时候脑子中想的还是《跟动物学生存》。”

——Professional One 公司总裁、首席执行官　迈克尔·麦克卢尔

“在面对生命挑战并成功克服方面具有令人难以置信的洞察力。”

——哥伦比亚电视广播公司评论员、前美式橄榄球四分卫球员加里·丹尼尔森

目 录

引 言

我的孩童时期是在非洲度过的，对身边的自然环境与野生动物产生了深厚的感情；双方你中有我、我中有你，自然交融。但在我成年后，注意力开始转移到商业领域，最终离开了塞伦盖蒂（Serenget）草原和非洲，移居美国。

对东非塞伦盖蒂草原最近的一次访问才令我和这片独一无二的世外桃源再续前缘。简单地讲，这里是野生动物在地球上的最后一处庇护所。

每年约两万头角马、斑马、瞪羚忍受饥渴与疲劳的折磨，摆脱宿敌的盯梢，千里迢迢穿越草原。路途遥远，危机四伏；被公认为世界第一自然奇迹。

对我而言，这段旅途意味着胜利，为窥探生命的意义打开了一扇窗，让我们更容易理解、领悟、识记一切生命体开花结果所需的基本生存能力。

对大多数人而言，我们现在居住的环境与塞伦盖蒂草原是两个截然不同的世界。电视、网络、手机媒体、快餐以及无数发明创新构成了一个追求便捷、安逸与及时行乐生活的社会。我们不断升级换代科学技术，最后竟发现我们为这些技术一个接一个地寻找解决方案。全球金融经济挑战消耗了资源，影响了我们的职业与个人生活，这是前所未有过的。

那些世代生活在塞伦盖蒂草原的人们在诸多方面遇到的难题与我们在办公室或家中碰到的那些并无不同。尽管我们身处环境不同，处理方法也不同，但动物用来克服艰苦条件的七种本领同样能够帮助我们走出逆境。

我希望这本寓言集能够让大家坚信：

- 无论面临的挑战是什么，人人都能战胜困难，成功地活下去。
- 旅途不会远到遥不可及。
- 一切都有可能发生。

第一章

抵达非洲

“我这是到哪了？”肖恩 · 斯宾塞（Sean Spencer）盯着飞机舷窗外广袤的土地思考着。

飞机发动机发出的嗡嗡声使他陷入了沉思。虽然知道这次旅行对妻子阿什利（Ashley）是多么地重要，但他就是忘不了之前经历的一切。妻子刚刚丢掉了一份教书的差事，自己又想方设法让公司维持运转，这些琐事让他们的小日子不太好过。这次旅行是因妻子被评为年度最佳销售新人而获得的奖励，但是来得有点不合时宜。

飞行员拉下降速杆，这架六人座小型塞斯纳飞机掠过一棵大相思树树顶，落在一块窄条形土地上。飞机螺旋桨在残阳光辉之中慢慢停了下来，飞机卷起的黄土再次回归大地，刚才那个问题又萦绕在肖恩心头，他们到底停在了什么地方。显然这里根本不是机场。降落的地方和周围的草原基本看不出有什么区别。甚至周边连一栋建筑都没有，只有一个因历经风雨吹打显得破旧不堪的风向袋[1]。

肖恩靠在座椅上环视四周景色，飞机内温度开始上升。外面没什么好看的，只是在不远处的空地上停着一辆路虎吉普车。看到坐在飞行员旁的阿什利，他笑了起来。阿什利就像一个初次踏上旅途的小孩子，不想浪费每分每秒，力争把见到的一切都印在脑子中，脸上露出惊奇的神情。

肖恩一爬出机舱门就开始搓揉自己僵硬的后背，下意识地拿出自己的黑莓手机借着午后的太阳光亮瞄着手机屏幕。随后叹了口气，耸了耸肩膀，因为手机一格信号也没有。在接下来漫长的三天里没法和公司进行联系了。公司最近提出在加利福尼亚中央谷地区建立太阳能发电系统的申请议案正在审核，他担心又会因出价过低而失败。拿不下这单生意，他就不得不削减开支。

“肖恩！”阿什利叫着。她已经站在路虎车司机身边了，挥着手叫他过来。

1　常设在机场的用于指示风向和表示风速的装置。——译者

他走向车子时，一名穿着绿色卡其短裤的小伙子伸出了手。“你好，斯宾塞先生，欢迎来到塞伦盖蒂。我是雷蒙德（Raymond）。接下来的几天里，我就是你们的向导了。我去处理你们的行李，你可以去冰箱里拿瓶冷饮喝。”他嚷嚷着，向飞机跑去。

阿什利注意到了肖恩脸上冷冷的表情。“这多令人兴奋啊！你相信么？我们到非洲啦！你见过比这一切还壮观的景色么？让我们暂时忘记一切开始享受这次非洲之旅吧，你觉得如何？”

肖恩还挺羡慕甚至嫉妒他妻子这点的：那就是阿什利能够不费吹灰之力马上适应和享受身边一切的能力。在她看来，洛杉矶和所有的麻烦现在都抛到九霄云外去了。她能选择性地忘记她想忘记的，而把注意力放在她当下关注的事情上。

阿什利把胳膊搭在肖恩的肩膀上，“我保证我们回或不回，那些麻烦事是跑不掉的，仍会在那里等着你。”她说。

肖恩笑了笑：“我确信它们会等着我的。”不管怎样，无论是为了阿什利，还是没有一格信号的黑莓手机，都迫使他决定做出让步。

雷蒙德把他们的行李袋放到了路虎的后备箱，嚷嚷着说："飞行员说他三天后回来。"随后打开了前门。肖恩让阿什利坐到了前面，自己坐到了后面。

雷蒙德驱车驶往营地，而肖恩试图把注意力转移到掠过身旁的风光上，但脑子里全是办公室那些还没有办完的烦心事。肖恩的成功来之不易，他非常享受创建公司过程中的点点滴滴，公司也就顺理成章成为唯一能够令其废寝忘食的事情。他招兵买马打造的一流团队比过去任何时候都需要指导和鼓舞士气。事实上，他手下员工最不愿看到的事就是此时此刻肖恩在万里之外的地方，而且音信全无。

"你做向导多久了？"阿什利问雷蒙德。

"从我完成培训到现在已经整整七年了。"雷蒙德自豪地笑着说。

"那培训要多久呢？"

"成为有资质的向导，最少要经过四年的学习和实践活动，才能真正开上路虎车接待客人。我就在塞伦盖蒂草原这里长大的，所以这里是我生命中核心的组成部分。"

"有你做向导我们真是幸运啊。"阿什利说道，对雷蒙德的奉献精神赞赏有加。

雷蒙德边开车边开始向我们介绍他家乡塞伦盖蒂的种种情况。“塞伦盖蒂，”说着用手臂划出一条宽宽的弧线，说道，“由一片片无边无际的平原与草木茂盛的热带草原组成；方圆 10 000 平方千米，横跨坦桑尼亚与肯尼亚两国，构成规模广阔的生态体系。我们的营地位于塞隆勒拉地区一个生态公园的中南部。从那里往东是群山，其中就包括妇孺皆知的乞力马扎罗山，一座海拔 5 892 米的死火山，是非洲最高峰。乞力马扎罗山因为距离赤道很近，从山脚下到顶峰呈现出各种气候特征，全年积雪封顶。”

阿什利不错眼珠地盯着车窗外的非洲美景：“太震撼人心了，我这辈子还没见过这么美的景色。”

雷蒙德露出微笑，接着说：“平原以西是一些湖泊，其中以世界最大的热带湖泊——维多利亚湖最为出名，同时它还是尼罗河的源头。”

雷蒙德从后视镜看着肖恩，笑逐颜开，仿佛介绍的是自己珍藏的绝世珍宝一般。“上天赋予了这片土地丰富的自然多样性，这令世界其他地区都无法与之匹敌。因而被授予世界遗产称号，成为生物生态保护区。”

随着车子继续深入丛林，肖恩和阿什利开始深深呼吸非洲狂野的气息。自由欢愉之感迎面扑来，令人沉醉其中。

“我真是没想到都这会了天还是那么热啊。天气会凉快些么？”肖恩问道。仰头咕咚咕咚喝下了一瓶子水。

“会啊，太阳一下山就凉快啦，吃晚饭的时候就能感受到温差了。”雷蒙德回答。

“这儿的天气一直都会这样么？”肖恩边问边不停地擦着渗出额头的汗水。

“不啊……”雷蒙德继续分享着好玩有趣的信息。肖恩和阿什利都深深地被吸引到介绍当中去了。车轮卷起的尘土不断地透过窗户飘进来，一层一层地裹住周边的人与物。

车子爬上一个低矮的土坡，此时太阳已经快要消失在地平线上了。整个天空被太阳染成红色、橘色与黄色，甚是柔美。雷蒙德把车子停在一棵大荆棘树下，手指着西边的落日。一群动物在地平线一端吃着青草。此时肖恩和阿什利能够听到动物们呼噜呼噜的喘息声，不时还有蹄子与被太阳炙烤得硬邦邦的土地的碰撞声传入耳中。眼睛所及之处都是动物们的身影。

肖恩被彻底震撼了。“我在探索频道里见过塞伦盖蒂热带草原，但眼前这片草原要比我想象的大得多。”

大家下车活动手脚，雷蒙德递给他们一副望远镜。“那群是白胡子角马。还可以寻觅到些斑马和瞪羚的身影。”接下来的10分钟里没有一个人说话，他们置身于动物的海洋中，各种动物融合在一起，摇头摆尾，韵律十足地嬉戏跳跃。

雷蒙德把胳膊架在车门上，打破了许久的沉默。“草原上角马数量居多，因为它们喜欢待在不湿也不干的地方，在两个地方之间寻找平衡点。它们喜欢依水源而居，频繁地更换地点让它们成为某些食肉动物的下手目标。”

“所以仿佛是收到来自上苍无声的指示，超过150万头斑马、角马以及瞪羚离开塞伦盖蒂南部的热带草原，穿过草地，迁移到西边开满野花的走廊地带，接着从维多利亚湖向北取道肯尼亚遍地青草芬芳的马赛马拉。雨季的开始则让塞伦盖蒂草原又重新恢复往日的生机，大批动物从南方再次回到迁移之旅开始的地方。”

阿什利一动不动地盯着大群动物，把望远镜递给了肖恩。“我做梦也不会想到在一个地方见到那么多动物，何况还是到达非洲后的几小时内！”

突然，约100头角马从他们身后蹿了出来，绕过了前方的树木和动物，闯过小路，向大部队奔去。角马们排成一字形，尽其所能小心翼翼地保护周边草地不被踩踏。肖恩和阿什利此刻一动不动地站在路虎车前，领略动物飞奔疾驰的真实场面。这里没有栅栏和篱笆，动物在天然环境中随心所欲，尽情玩耍。

“看，它们浑身都是肌肉，身体呈倒三角形，脸部格外粗大，显得与众不同，”雷蒙德说道，“它们头上顶着宛如圆号般大小的犄角，先向外扩展，随后向内弯曲，就像是在它们长长的鼻子旁加了个括号似的。就凭它们怪异的长相，你就很难想象到它们竟然在这世界最大的野生动物保护区中扮演着重要角色。”

“是啊，肯定不会这样想的，”阿什利说，“这里毕竟不是我们生活的那个重视外貌的社会。”

“别通过外表去评判一件事物的好坏与否啊，你看这辆满身尘土的汽车。”雷蒙德边说边为阿什利拉开车门。

“我只能说这一切令人难以置信，”阿什利说。“绝对令人大开眼界。”

雷蒙德笑着发动了车子。“如果要想赶在天黑前到达营地，我们得启程了。”

随着车子驶离这片草原，动物们的呼噜声也渐渐由大变小，不再清晰了。太阳落山前的最后一丝余晖也从西边天幕上褪去。现在肖恩和阿什利感到闷热感渐渐消退，取而代之的是夜晚浓浓的凉意。天色很快就暗了下来，雷蒙德没有亮起车灯，在黑漆漆的路上前行。肖恩把身子往前挪了挪，试图看清前方的道路状况。但努力是徒劳的，周边黑漆漆伸手不见五指。“你怎么不把车灯打开呢？”“车灯会刺瞎路过的角马。随后这些角马就会向我们撞过来了。在黑暗中行驶能让这些动物更容易看到我们，因为我们是初来乍到的陌生客，还是不侵犯它们的领地为妙。”

雷蒙德绕过一节不知从哪里冒出的荆棘树树枝，拐入一片开阔地。瞬间，肖恩和阿什利看见不远处生起的熊熊篝火在黑夜中勾勒出了帐篷的轮廓。无论现在身在何方，终于到家了。从现在起，这个栖身之地的掌控权属于动物，而不是人类。人类文明在这里一文不值。

成千上万头动物在远处吃着青草。就算是做梦，它们也绝不会想到在它们眼前的塞伦盖蒂草原绵延千里，广袤无边。

肖恩再次拿出黑莓手机查看——不过还是没有任何

信号。即使上周每天都见面，他还是担心办公室的那些同事们。但既然对此无能为力，他索性关掉了手机，凝视着眼前这片草原。这片非洲丛林和水泥丛林有着彻头彻尾的不同。这里未见丝毫破坏，没有满地疮痍，由另一套生存法则控制着。人人都需遵守自然法则，美好与残酷现实叠加。

车子停在一座大帐篷前，一群人围着篝火席地而坐。一个身材高大的男人从黑暗中走出来介绍自己。

“斯宾塞先生、太太，欢迎来塞伦盖蒂做客。我叫阿利（Aly），衷心希望我能够照料并满足你们在塞隆勒拉营地的一切需求。我们已经为你们备好了帐篷，你们的行李随后就会送到帐篷中去。请让我带领你们一起前去新家吧，在晚饭前，你们或许可以梳洗一番。”

肖恩、阿什利紧随阿利走在身后。阿利还给他俩指着栖居在一棵树上的狒狒一家。当他俩走到帐篷前时，突然停住了脚步。这个帐篷根本不是什么小帐篷，这个帐篷宽敞得很，里面全部精装修，带有两个卧室和一个封闭式厕所与淋浴间。

“去吃晚饭的时候要记得穿暖和点。”阿利说完轻轻一鞠躬退出了帐篷。

肖恩放下帐篷的垂帘，屋子里已经备好了冒着热气的开水以及一套全新的毛巾和肥皂，服务丝毫不比五星级酒店逊色。“这是我今天第二次被震撼到。”肖恩说道。

洗去浑身的尘土，肖恩和阿什利走出帐篷，准备享用晚餐。路边蟋蟀与青蛙组成合唱团在黑夜中争相献歌，打破了夜的寂静。不远处传来欢笑声。阵阵夜风掠过身旁，两人向篝火走去。他俩高兴地穿上了旅店为他们准备的毛衣，因为谁也不会想到来热带旅游竟要带上保暖的衣物。

篝火烧得正旺，发出啪啪的响声。火光照亮了旁边的座椅。烧烤食物的香气从做饭的帐篷中飘了出来。

阿利看他俩走过来主动迎了上来。“斯宾塞先生、太太，帐篷中为两位准备的一切还符合你们的喜好吧？”

“非常好，”阿什利答道，“一切都很完美。”

“那我就放心了。晚饭前给您来一杯日落酒如何？”

“日落酒？”肖恩皱了皱眉头。

“是的，在非洲我们用日落酒结束一天，在晚餐前小酌，纾解这天的不开心——要百威、城堡干啤还是红酒？”

“我们试试红酒吧。”阿什利向肖恩建议。

“可以，要不要尝尝南非产的品乐塔吉 (Pinotage) 红酒？”

“好的，谢谢。”

“利用倒酒的空隙时间，让我给你们介绍下我们其他的客人。”

阿利领着两人走近篝火，篝火旁还有两对夫妻正兴高采烈地谈天说地。看着他们走来，两对夫妻从椅子上纷纷起身，阿利开始引荐。

“向大家介绍下你们的同伴，来自蒙大拿的约翰逊夫妇，还有来自纽约的克鲁兹夫妇。”

话音刚落，一位身材高大年纪将近 70 的老人向肖恩伸出宽大的手掌。“你好，我叫戴夫 · 约翰逊（Dave Johnson），这是我的妻子，玛丽（Mary）。”

肖恩回以微笑。“我叫肖恩，她是阿什利。我们从洛杉矶来的。”

“我们刚刚在讨论 2005 年橄榄球联盟赛谁击败了爱国者队——是黑豹还是老鹰队？”

“快别说了，戴夫，”一个 30 岁出头的年轻人说道，迈步走到肖恩身旁，和他握起手来。

“你好，我是安东尼 · 克鲁兹（Anthony Cruz），这是塞西莉亚（Cecilia）。欢迎来到我们的小团队。我们一直在想那些空椅子是给谁的。”

“你是和神秘人一起来的么？”戴夫问。

“神秘人？”肖恩问。

“戴夫，先让人家坐下，再接着来问问题。”

“爱国者队赢了老鹰队，它是除了牛仔队之外另一只在四年中三次勇夺超级碗比赛冠军的队伍。”肖恩补充道。

“对吧，对吧，你看，我告诉你了吧，安东尼，”戴夫底气十足地说道。

肖恩对数字有一套办法，能够轻松地记住不同的数字和事件——就凭这点在商业往来中帮了肖恩大忙。这些数字作为谈话的引子简直再合适不过了，使他和其他人交流没有任何难度。

篝火边的谈话渐入佳境，塞西莉亚问道：“阿什利，你们怎么决定来塞伦盖蒂的呢？”

“实际上是我赢来的。一年前我入职一家大型的直销公司作为销售顾问，幸运地赢得了当年的销售新人奖。我们可以选择的旅游目的地有夏威夷和非洲。虽然肖恩想要去海边，但我觉得这是一个千载难逢的绝佳机会到非洲来玩儿，虽然只有三天的时间。”

“祝贺你，太厉害了。”塞西莉亚和玛丽说。

玛丽比塞西莉亚大两轮，但两人都有着温暖迷人的微笑。

戴夫起身走到桌子前添满酒。

“肖恩，你见过那个神秘人了么？”戴夫问。

“没有，你一直提到的那个神秘人到底是何方神圣啊？我们是今天下午才到的，只见过雷蒙德和阿利。”

“营地里还有一个人。他个子很高。我们见过他两次，但都是隔着一段距离。他不是游客，也不是工作人员。每天早上走得很早，太阳落山后很久才回来，那会儿营地都关了。看上去神神秘秘的。”

“你是做哪一类生意的，肖恩？”安东尼问道，明显想换个话题。

“做可再生能源，前阵子开了自己的公司。我们为中小型企业规划发展太阳能发电系统，是个前途无量的行业，但最近生意有点萧条。你们呢？”

“说到萧条，”安东尼讽刺地说，“我自认为在银行业能够有不错的发展前途。但受到经济状况牵连，我也成了失业大军中的一员。”

“安东尼，我很同情你，我能体会到这个过程一定很艰难，”肖恩说。

“谢谢，我已经申请了将近40个工作岗位，但是一个成功的都没有。我需要休息休息了。塞西莉亚建议参加我们教堂组织的非洲宣教之旅，下周就开始了。”

“太妙了。你呢，戴夫？”肖恩提问。

“在海军服役了一辈子，发现自己确实已经廉颇老矣。做份文职工作又不适合自己。所以退休给了我一次做其他事的机会。”

“做什么事情？”

“五年前，玛丽和我购买了一家大型房地产企业的特许经营权，不凑巧的是房市遭受寒冬。你应该知道，过去几年房价一路跌得厉害。”

“世事艰难啊。”肖恩说，此刻他也想到了自己公司那点少得可怜的现金流和低迷的士气。看来家家有本难念的经啊。

第二章

坚韧不拔的角马

阿利走向篝火，招呼大家吃晚饭。

“阿利，那个神秘先生今晚和我们一起吃晚餐么？”戴夫问道。

“我不太清楚，约翰逊先生。他到现在还没回来呢。”

“从哪里回来？”

“这你得问他本人了。”

“看见了吧，连阿利都对这事遮遮掩掩的。”

众人觥筹交错后，一辆吉普车驶进了营地。听到脚步声向这边走来，大家纷纷转过身观望。走来的是一名身材修长的男子，身高将近两米，虽然身处黑夜，一头灰色头发很是显眼。当他靠近火光时，肖恩感觉到此人有点似曾相识。

阿利开始要进行介绍。“这是我的……”

肖恩突然大声喊起来："撒迦利亚！撒迦利亚·梅克纳（Zachariah Makena）！"

神秘客脸上带着微笑转向肖恩，笑容仿佛瞬间照亮了他整张面孔。"是我，你是？"

"是我，肖恩·斯宾塞。"

肖恩和这位神秘人热情地握着手。众人瞠目结舌地看着肖恩。

"肖恩·斯宾塞！你到非洲来做什么啊？上次见你还是在英格兰呢。"

"那是30年前的事了。"肖恩说。

"可不是嘛，你毕业之后做什么去了？"

"毕业之后，我得到了安德森咨询公司的工作机会，在新加坡工作了一段时间，随后在美国安定下来，推动太阳能热电厂的发展。然后在加利福尼亚开了家自己的可再生能源公司。你呢？"

"我一直计划回到非洲。一开始，我做了些和动物保护有关的工作……"

肖恩意识到大家都在盯着他俩，所以开始快速地进行介绍："抱歉，撒迦利亚，我想你认识下我的太太阿什利，还有我今晚刚认识的其他团友——克鲁兹夫妇、约翰逊夫妇。伙计们，让我来介绍下我的老相识，撒迦利亚·梅克纳。在20世纪80年代初期我们一起进入伦敦政治经济学院学习。撒迦利亚比我早毕业一年，但在我大一那年我们合租过一个屋子。那会儿他就应允有一天一定带着我来逛非洲，我从没想过我今天真的站在了这片土地上。”

说话间，阿利走过来带领大家前去用餐。

到达用餐地点后，等着肖恩和阿什利的是另外一份惊奇。帐篷里摆放着一张长长的桌子，上面铺着餐桌布，还有一只瓷瓶，瓶子里插着新剪下的鲜花。撒迦利亚身穿白色长袍，斜披着亮红色的肩带，头顶红色土耳其软帽，站在桌子旁。

待大家落座后，阿利给旁边的人发出信号。冷餐沙拉、汤、肉菜不知从哪儿一下子都端了出来放到桌子上。主管伙食的工作人员们已尽最大努力把工作做到滴水不漏。

不一会儿，肖恩放下手中的杯子，问撒迦利亚：“跟我说说，离开伦敦之后都发生了什么？”

“美国好几家公司向我发出了很不错的工作邀请，但是思量许久后，还是觉得自己离不开非洲这片大陆。心系着这片丛林大陆，我一刻不愿远离，身体抵抗不了这片土地对我的吸引。”

“所以我回到了老家内罗毕，为非洲野生动物基金会工作，保护马赛马拉草原腹地，在那里我深刻领悟到了每种动物在生命循环中扮演的重要角色。我愈发意识到在商学院学习的大部分理论知识似乎和大自然的各个层面都有交集。所以几年后，我和一些朋友开了家公司研究动物的独门绝学。”

回想起自己之前的生活令肖恩不禁笑了起来。他突然间回想起他俩有个共同的约定，就是要开家属于自己的公司。一旦开始，就再也无法回头。他当时是那么地专注且想要达到这个目标。但随着时间的流逝，他却愈发纠结于行政官僚制不能自拔。而现在，正是这家他自己创建的公司让他深陷泥潭。但是他能够转变方向么？出于一些说不清道不明的原因，公司团队运转得并不正常，但是肖恩需要继续坚持下去并找出症结所在。此时此刻他意外地现身非洲，身旁坐着自己的老伙计。巧遇撒迦利亚使这次旅途峰回路转。

“现在轮到你回答问题了——你怎么会来塞伦盖蒂？”撒迦利亚问道。

“金融市场崩溃之后，似乎没有人能够幸免于难。尤其是当美国经济受到重挫后，一波又一波的裁员风潮接踵而至。”

“可不是么，我们这都受到了你们经济涟漪效用的影响。”撒迦利亚点头以示同意。

“然而，不幸的是，阿什利就被牵扯其中。一年前，她丢掉了学校的一份工作，恰好我们的女儿克里斯特尔（Crystal）和卡西（Cathy）就在那里上学。幸好失业期并不是很长。她很幸运地转投一家直销公司，并且成为其中出色的一员。她获得的年度最佳销售员工奖的奖励就是这次旅行。”

“做得不错啊。”

“而且还有一点得提醒你，我们同样可以选择去夏威夷，而我也更倾向去那里，但她还是选了来塞伦盖蒂。现在你也在这里，我很高兴阿什利做出了这个选择。”

“谢谢你们，这是个多么正确的选择啊！恰恰你们赶上了一个最佳时机。随着旱季的到来，角马的迁徙季节就要开始啦。而且今天你们一定也遇见了成群结队的动物们了吧。”

“我们遇见了——得有上千头吧。这倒是提醒了我件事——我们刚刚谈到你公司研究的目标和领域的时候，你提到哪种‘动物本领’来着的？”

尽管撒迦利亚和阿利的其他客人并不熟识，但现在不同了；他认识其中的肖恩。他迫切地希望和他人分享一些在大学毕业后发现的知识理论，并能得到肖恩的反馈。

“我们去篝火堆旁吧，然后和大家分享一些和角马有关的信息，我相信你们会对此津津乐道的。”撒迦利亚说着从桌子旁站了起来。

雷蒙德往篝火堆里又添了点柴火，篝火在黑夜中烧得更旺了。火光映照出一张张写满求知欲的面庞。

“一切就绪，撒迦利亚，我们洗耳恭听。”肖恩说。

“好吧，大家想象一下这个画面：2 月的塞伦盖蒂草原，天空湛蓝，风轻云淡。天边漂浮着一丝未随黎明褪去的橘红色云朵，有点像今天早上的样子。使角马欣喜的是，入了秋的天气带着丝丝凉意。但此时，也就意味着冬天和旱季的脚步逼近了。因为角马每天都要饮水，所以迫使角马开始进行迁移。”

“有趣的是，尽管在这片世界上现存最大的野生动物保护地中，角马的数量要远远超过其他动物的数量，但它们还是易受伤害的动物。它们每年不得不面对的千里迁徙对它们来说没有任何生命保障，在途中会有成百上千的角马成为一些食肉动物的盘中餐。而且下一个山头也不一定会有雨水的降临，角马甚至可能死在那座山头，关键问题是它们需要前进。”

“这真是个伟大的故事，撒迦利亚。”阿什利打断了他。

“不仅仅是一个故事那么简单，阿什利。通过了解它们的世界可以对自我世界进行深入的探析。试想一下它们在旅途中需要攻克的种种艰难险阻，以及克服每天遇到各种挑战所需的坚韧不拔的毅力，你会见识到角马与众不同的本领。”

撒迦利亚不错眼珠地盯着摇曳的篝火。

“现在我们用不同的思路来看待这次迁徙；把它想象成人生旅途的地图。上面标记着我们会不期而遇的挑战、威胁、环境变化、传统的颠覆等问题。塞伦盖蒂向我们展示了不同动物掌握的独特生存本领，这些本领是我们在日常生活中都应该掌握的，但我们往往却不具备。”

大家在篝火旁依偎成一团，仿佛就像是一群听鬼故事的小孩子似的。撒迦利亚拿起咖啡壶给每人续满了咖啡。

“在我们研究每种动物特殊本领的时候，我们开发一些技术能够更好地理解、领悟我们自身的优缺点。我们学习如何应用以及充分利用各种本领。”

“我不太明白，”有人打断了撒迦利亚的陈述，“你的意思是说人类和动物一样有着独门本领么？”

“不，当然不是了，”撒迦利亚笑着回答说，“我们掌握的本领连我们自己都不清楚，或者说从来就没有充分发挥过。令塞伦盖蒂与众不同的地方在于这片土地能够准确无误地发现核心的生存本领。”

“那我们如何找到自己的核心生存本领呢？”玛丽问道。

“在发现它之前，首先需要你在自然环境中遇见每种动物，然后再全面解读出何种本领能够使其生存下来。我们还得再仔细看看这次迁徙中的主角——角马。你们今天见过几百头了，虽然可能从它们身上发现不少能力，但真正区别它们和其他动物的只有一种本领。”

忍耐力是使你再多坚持一天的动力。

“是什么能力？”肖恩问。

“好好想想。想象一下它们的迁徙行程。每年数百万头角马或单打独斗或成群结队地直面恐惧，以及面临缺吃少喝、精疲力竭甚至是成为盘中餐的种种困境。它们具备的核心本领不仅能够让它们活下来，而且还能开枝散叶。从某种程度上来讲，它们获得了成功，也因此使它们一跃成为塞伦盖蒂草原上数量最多的动物，继而得以主导整个地区。”

“你的意思是不是说，尽管面临众多危险，因为角马的忍耐力从而使它们能够称霸塞伦盖蒂草原？”肖恩问道。

“非常对。当我们举步维艰之时，许多人都会选择放弃；推卸责任易如反掌，寻找借口不费吹灰之力，没有完成手头工作时为自己开脱也很简单。缺少不屈不挠的精神削弱了征服我们自己的‘塞伦盖蒂’的能力。”

“那么，你的意思是说我们应该学着做到不屈不挠？”安东尼问道。

“是的，人们常常选择很快放弃。每个人都需要征服自己的‘塞伦盖蒂’：比如失业、离婚、疾病等。然而，那些有着专一决心的人都会懂得赢得比赛的往往不是那些跑得最快或是最强壮的选手，而是能够永不气馁、坚持到底跑完全程的选手。”撒迦利亚继续说道。

“请记住，一定要根据自身情况设定速度。如果要通过透支自己的能量才能从挫折中走出来的话，就好像是一位短跑选手跃跃欲试去跑马拉松，到最后弄得筋疲力尽，还被其他选手远远抛在身后。另一方面，了解自己的极限并在其范围内努力的话，就会让你坚持跑完全程比赛。”

撒迦利亚说完看着大家伙。“大家谁能够回忆起之前因为你的坚持不懈对生活产生影响的一些例子？”

一直安安静静端坐着的戴夫站了起来。“我这有个例子。还是我在海军服役时候的事呢。许多意志力坚强的海军士官在战争期间时刻保持警惕，排除万难恪尽职守。尽管有时交待给他们的任务似乎难以完成，但他们仍然坚持完成——这种不屈不挠的精神也感染了年轻的水兵们。和一些经验丰富的老兵并肩作战的时候，他们会和老兵们谈到这种工作态度。现在我意识到他们当中的一些就有着角马一般的意志力；他们郑重承诺坚持到底，经受住人生中最艰难的挑战。”

“这次经济动荡时期中我也见证了美国劳动人民所秉持的这种坚强的意志力。尽管我们面临完全不同的境遇，但坚毅不拔的韧性是共通的。全国各地的同胞们都在担忧能否归还抵押贷款，担心下月是否可以找到工作，甚至担心能不能吃得上一顿饭。摆在他们面前的是恐惧与不确定性。很多人加班无数，或是大幅度减薪。看到我们中的一些人能够全程坚持下来真是鼓舞人心啊。”

“好极了，”撒迦利亚答道，“忍耐力就是你的斗争精神，它让我们被击倒的时候能够再次站立起来。”

“同时它还能帮助我们缓解当今工作环境中产生的巨大压力。每个人都希望工作完成得越快越好，产生的成本越低越好。还不止这些。我们在家的时候也会接到如出一辙的要求，由此产生紧张状况，并影响到每一个牵扯其中的角色——雇员、团队成员、家庭成员尤其是配偶。简单地讲，我们只有两条路可走：设置障碍身藏其后，或是鼓起勇气解决我们面对的问题。虽然坚持跑完全程并不能保证你获得成功，但起码它是能够帮助我们贯穿始终的第一套本领。”

“要是我们自身不存在这种本领怎么办？”安东尼问道。

“那么你需要一位能够经常给你鼓励以及激励的伴侣、关系亲密的友人或是办公室的同事。一起坚持则会变得容易得多。你要知道，角马可不是一个人在战斗啊。”

阿利看了看表，决定适时打断对话。“撒迦，时候不早了，我们的团员明早还要早起呢。雷蒙德明天给大家安排了满满的行程，包括游览狮子岩、河马池以及参观壁画艺术遗址等。如果有些团员还没见到过草原五大动物狮子、猎豹、大象、犀牛和水牛的话，我相信大家明天能够见到许多许多。”

“阿利说得对，”撒迦利亚随声附和道，随后起身把空咖啡杯放在了桌子上面，“我明天早上四点还得动身前往格鲁美地河。那里有一大群角马，从昨天起就开始进行集结了。我们预测明天就会有一次大规模的渡河行动。因为是本年度第一次重大的过河行动，我需要收集到准确的数据和去年进行比对。这些数据会帮助我们判断打头阵过河的角马群规模是如何变化的。”

“明晚你还会回来么？”肖恩问。

“会回来的，”撒迦利亚回答说。“但是得看角马的大部队是不是明天中午前能过河。如果我明天能回来的话，再继续聊我们的主题。我很高兴能够和大家会面，肖恩，多年之后还能再遇见你，真是一件幸事啊。我不得不告辞了。”撒迦利亚说，随后快速地鞠了一躬，消失在夜色之中。

“他真是个有趣的人，”戴夫说，脸上表情显示出大脑正进行着思考，“从动物身上寻找自己具备的独特本领——一个多么了不起的想法啊。”

“引人入胜，”塞西莉亚也说道，“角马每年也会面对队伍数量锐减的状况。”

转向肖恩，她大声嚷嚷说：“你竟然认识我们的神秘客！”

“我认识啊，我一直就认识。我不知道你们说的神秘人就是撒迦利亚，他和我在伦敦认识的那个简直不是一个人。他变化很大。”

“你身上也发生了变化，”阿什利笑着挽起肖恩的胳膊，“你要知道，已经30年过去了。”

“你说得很对。但他身上变化的不仅仅是年龄，有些变化我无从知晓。即使在上学的那个时候，他就精明非凡。但那绝不是他所拥有的知识或是智商。仿佛他就是替角马在发言。”

一时间，大家都陷入沉默，只有篝火发出啪啪的声响。在点缀着群星的夜空下，每一位团员都在此刻徜徉于各自的思潮之中不能自已。

反思自己公司举行的会议，肖恩轻易找到了症结所在，令团队重拾热血战斗的精神是何等的重要。千疮百孔的经济状况已经令许多平民百姓在不同层面上体会到生活的拮据，大家肩膀上负担沉重，生活失去重心。公司一些员工上班时人在而魂不在。肖恩希望大家能够感受到公司和他们个人风雨同舟，为了达到这个效果，他们需要有一个清晰、明确的共同目标，共同承诺相互扶持渡过难关。如果他的团队能够想象出角马所忍受的威胁与抗争的话，或许他们眼前的艰难险阻并不是那么地难以逾越。

突然，一群鬣狗在不远处咆哮起来。

“我真的不想扫大家的兴，但是我们这些老年人真的得休息了。”戴夫说道。

大家站起身来，相互祝愿晚安后，纷纷返回自己的帐篷。

“大家注意下，”安东尼说，“雷蒙德明早 7 点准时出发。我们大家 6 点在炊事帐篷前集合，去吃早餐。肖恩还有阿什利，别忘了穿得暖和点，带上帽子、防晒霜还有你们的相机。”

回帐篷的路上，阿什利紧紧贴着肖恩以防蚊虫叮咬。“肖恩，你怎么从没有提起过撒迦利亚？”

“大学毕业之后我就不太记得他了。他就是和我一起上过学的同学。在求学过程中，他给予了我很大帮助，但学校里满是来自世界各地形形色色风趣的同学。我从没想到还能再次碰见他。”

“他口才很是了得啊。他说话抑扬顿挫感极强且令人宽慰。你现在应该很高兴决定来这了吧？”

“亲爱的，是的。”肖恩边说边冲阿什利勉强挤出几丝笑容。尽管这个问题有点含沙射影，他不得不承认此刻他的心情比刚到非洲时要舒缓多了。

回到帐篷中发现灯光已经被点亮了。像刚抵达时那样，两盆洗脸水和毛巾已经放在桌上了。枕头上还摆放着一些巧克力。

肖恩一头倒在床上，看着阿什利。

“我在想，如果明天我们不和雷蒙德以及其他团友一起出游了，你觉得如何？”

“什么意思？”

“这次旅行本应和观赏野生动物有关，撒迦利亚刚刚提及的从动物身上学习生存技巧的理念，为我们的旅行增添了另外一个选项。我们明天早点起，问问他能不能带上我们一起？”

阿什利放下毛巾，坐在床的另一侧。“你觉得他会让我们去么？”

“为什么不让呢？观赏动物的同时和他谈天说地，然后一起学习本领无疑会令人异常兴奋。我们向他保证不会打扰他工作，他工作时，我们就乖乖在一边待着。”

“花一天的时间待在他身旁，听他抒发见解会很特别的，”阿什利笑着说。“那我们怎么做呢？”“你要现在就去征求他的意见么？”

“不，他刚才说他明天四点出发。我们提早到那里然后再向他请求如何？”

带着这个念头，他们熄灭了油灯。月亮高高地挂在天空中，月光透过了蚊帐。远处一群野狗也加入了鬣狗的队伍中，嚎叫声连连。

技能一：忍耐力

概要

和角马一样，通俗地讲，忍耐力就是我们让自己在相对长的一段时间内努力坚持的能力。当我们身体想要放弃时，忍耐力令我们的思想保持前进，尽管途中障碍重重、困难不断，痛苦、疲劳、压力排山倒海般向我们袭来，它赋予我们精神力量继续向前方行进。

人们常常把忍耐能力与“经历人生中暴风骤雨”的能力画上等号。它指代的不是我们是否和它们能够狭路相逢，而是我们如何对待、解决困难，因此而创造不同。

这些风暴能够改变人生轨迹；我们选择何种克服困难的方法，对我们战胜困难的过程有着重要的影响作用。通过忍耐种种困难让我们变得更加强大。

每次出现的专业考验或是个人遇到的难题都是锤炼这种本领的机会，如果你表现出如下特点的话，那么或许可以在自己身上发现这种本领的存在：

- 有坚韧不拔的毅力与能力从逆境中触底反弹。
- 游刃有余地从多个方向出发改变现状与舒缓压力。把难题看作挑战而不垂头丧气，视其为机遇而不是挫折。
- 充当有竞争优势的个人，并乐于花费时间与气力完成任务。
- 身处困境时，对既定目标毫不动摇。尽管遇到坎坷，每个任务尽最大努力做到最好。
- 用充沛的精力、不屈不挠的决心以及超强的自信心把困难挑落马下。其他人会把你当成吃苦耐劳、勤奋工作的员工。

把这项技能发挥到极致

无论与生俱来还是后天努力，坚韧不拔的毅力对获得成功意义非凡。以下行动能够帮助你提升忍耐能力：

- 顾及身体需求，在艰难环境下不断挑战大脑强度以磨练心理承受能力——此方法对意志力薄弱者尤其适用。避免出现逃避主义现象，情绪上的不确定会告诉你：“你对此无能为力。”
- 注意区分孰重孰轻，分配好你的气力与资源。重点是设立切合实际的目标，一步一步靠近目标，并常问自己：我今天能够达到什么目标？
- 用长远的眼光看待问题，关注自己能够做到以及不能做到的事情。心悦诚服地尊重事实，有些情况根本不是你能够控制得了的。虽然有时对改变某事无能为力，但起码你可掌控对其进行诠释或反应的方式。
- 处事随机应变、沉着冷静，伺机采取适当的行动。世事艰难之时，磨练快速适应与坚持到底的能力。
- 无论在家或是单位，发展互帮互助、关怀友爱的关系，以增强困境中求胜的能力。人多力量大。

谨记：想要拥有所想，想要所向披靡，想要达成理想，这一切一切都依靠于坚韧不拔的毅力。

第三章

深谋远虑的狮子

狮子的一声吼叫让肖恩腾的一下直挺挺地坐了起来，仿佛狮子就待在他的身旁。肖恩感觉没睡多大一会儿，睁眼看看外面，黑漆漆的一片。他看见阿什利正在梳妆打扮，在灯光映照下，身影摇曳。

“你刚刚听到没？”

“我听见了，亲爱的。个性化的叫早闹铃。”

“太有趣了。”

“起床啦！现在 3 点 45 了，要想赶上撒迦利亚，得赶紧出门了，我们要抢在他 4 点出发前到。”

在两人朝炊事帐篷跑去的同时，炊烟萦绕驻地。水壶中烧着冲早餐咖啡所需的热水。

阿什利俯下身在火上烤着双手，观察着眼前这只使用了有一定年头的搪瓷水壶，经过千百次的烟熏火燎，壶身显现黑色。水壶木把上留下了一排排牙印，这些牙印是已经觊觎这把壶很久的不速之客趁着夜色留下的；只是下手时才发觉壶水很烫，无法下嘴。

“亲爱的，你昨晚睡着了么？我昨晚躺在床上，透过纱帐看星星，倾听一切野性的声音。我睡得应该是挺死的，早上狮子那吼声着实把我吓醒了。”肖恩说。

正说着，阿利从炊事帐篷里走了出来。

“斯宾塞先生、太太，你们怎么这么早就起来了？6点才开早饭呢。”

“我们希望与撒迦利亚同行。”肖恩答道。

“撒迦？你们不能这样做，雷蒙德才是你们的向导呢。”

“我懂，但是我花一天的工夫和他叙叙旧，否则就没机会了。”

“我明白了，那么，你们得征得他的同意才行。他以前从没有让客人跟着他过，但我觉得你们倒是可以做到。”

“征得什么同意啊？”撒迦利亚问道，阔步走入帐篷，一肩背了一个绿色的旅游包。

“呀，撒迦利亚，早上好啊。”

“早安，肖恩，阿什利。你们两个加利福尼亚人，可是起得有点早啊，是不是？”

“如果我们同你一道去格鲁美地河的话，那么就不算早啊。”

“噢，我觉得你们不会想去的，”撒迦利亚回答道，“车要开很久才能到，而且道路比较崎岖，要开三或四个小时呢。我的吉普车也没有雷蒙德的路虎车好，而且车子还是敞篷的，一路上都会太阳暴晒和尘土飞扬。”

“没什么关系的。昨天晚上之后，我们真的想和你待在一起，而且有机会站在你的角度重新审视非洲。你昨天晚上讲到不同动物的本领让我们兴致盎然。”

“嗯，老实讲，我也喜欢有你们陪在身边，只要阿利同意就可以了。”

阿利站在炊事帐篷门口皱着眉头。“你们确定要和撒迦一起去么？雷蒙德已经规划好你们的行程了，而且路虎车内置舒适的高座椅，能够让你们看得更远。我们预备了丰盛的早餐和午餐，而且还备足了冰镇饮料。”

“求你了，阿利。”阿什利央求着说。

“好吧，但在你们随撒迦利亚出发之前，我需要你们填写一张弃权证明书。”

“弃权书？”肖恩关心地问道。

“如果今天发生什么事情的话，则和我们没有任何关联。签字后，你们就不会受到我们任何保护了。”

“会发生什么事情？”

“你们现在身处非洲丛林，斯宾塞先生。一个狂野的世界，任何事情都有可能发生。”

“我们不会有事的，亲爱的，”阿什利插话进来，“那个就是一张纸啦。你去任何一家主题公园玩的话，门票后面都会印着这些内容的。我坚信撒迦利亚会好好照顾我们的。”

两人在弃权书上签好字后，撒迦利亚领着他们来到吉普车前。肖恩把他们的背包连同撒迦利亚装设备的包放到后备箱里，与此同时阿利把食品盒从路虎挪到了撒迦利亚的车上。“享受你们的旅行，我们会等你们回来一起喝日落酒。”

撒迦利亚倒车出来，之后向西北方向的格鲁美地河驶去。肖恩和阿什利一路上昏昏欲睡，都没怎么开口说话，直到身后地平线上开始泛出光亮。阿什利很庆幸她带上了一件毛外套，因为外面还有一点点冷。撒迦利亚像是猜透了阿什利心思似的，离开营地后首次开口说道：“不会一直这样冷的，太阳跳出地平线后温度就回升了。温度回升速度快到能吓你一跳，就跟昨天晚上似的，太阳一落瞬间就变凉了。”

撒迦利亚手指着他们右侧的一片树林，绕着开了一圈。“看见那些落在那棵大荆棘树上展开翅膀要飞的鸟了么？那些就是秃鹫——早晨第一拨儿出来觅食的动物中就有他们的身影。他们是非洲草原清道夫队伍中的一员，在空中搜寻昨天晚上可能残留下的一切食物。所过之处不留任何残渣。”

“昨晚和你谈到的角马就很令我们大开眼界了，”肖恩说道，“昨晚只要一听到奇怪的声音我就会联想起它们来。”

“是的，”阿什利说道，“我觉得角马们好可怜啊。似乎他们的一生离死亡只有一步之遥。”

“可以理解，但是，不要因此不安或内疚，阿什利。每种动物在生态平衡的链条中都扮演着相应的角色。每个物种中最强壮的成员会成功活下来，也就保证了整个种群得以继续生存繁衍。这就是塞伦盖蒂神奇的地方；生态平衡已清晰地展现在我们面前，供我们观察与学习。让我试试看能不能用更美式的说法来解释这些。还记得次级抵押贷款市场的崩盘是如何导致众多银行、投资机构、保险公司以及汽车厂家纷纷倒闭的么？与之相似的多米诺骨牌效应同样适用于自然界。如果角马不进行迁徙，那么许多种动物，比如狮子、猎豹和鬣狗——甚至是环境本身，都会受到影响。”

突然，撒迦利亚把吉普车停在了棵大树下。“狮子的足印！”他大声喊着，手指向一个狮子刚刚踩出的足印，一直延伸到离这不到30米远的灌木丛。

这时，五只母狮子出现在他们的视野中，后面跟着四头小狮子，相互咬着对方的耳朵和尾巴。走出几步后，慢悠悠地躺在灌木丛附近，舔舔爪子，洗洗脸。母狮子们好奇地看着吉普车，但没有显露出任何的杀气。

阿什利盯着在母狮子身旁玩耍的幼崽们，不敢出气。撒迦利亚轻声说道：“我认识这个狮子群体，在这儿的这些是小狮子和它们的婶婶们。我们得再等一会；外出捕猎的母狮和公狮毫无疑问就在灌木丛的附近。”

阳光这时才开始洒向谷底，天空逐渐放出光亮，但一部分灌木植物仍然躲在阴暗之中。狮子们有条不紊地继续做着自己的事情：有的在梳洗整理卫生，有的在同伙伴交流沟通感情。突然，三只体型较大的母狮子从灌木丛中不费吹灰之力一下子蹿了出来，加上原来的现在总计有

12 只狮子。一只有着巨大鬃毛的成年公狮从反方向走了过来。公狮子和母狮子四目交错，相互打量着对方。

“这哥们其实看的是它们。”撒迦利亚小心谨慎地说。

顺着撒迦利亚注视的方向看去，在高草地另外一侧大约有 20 头斑马在草地上享用着青草，丝毫没有意识到在不过几十米远的地方危机四伏。

“它们不知道狮子就在那边么？”阿什利耳语道，生怕突然自己的说话声惊到一旁站着的母狮们。狮子们一动不动，甚至尾巴都停下来不摇摆了。仿佛是收到了某种无声的指令，小狮子们也都乖乖在高草地中伏下身子。

“斑马们处在顺风区，它们还没发现或是听到狮子们的身影或动静。阿什利，准备好你的相机。马上你就可以拥有大自然中第一手宝贵的学习经验了。”

母狮子们沿着灌木丛边缘匍匐着向一小片树林移动，树林周围就是斑马们吃草的地方了。两只年纪较轻的母狮子带着幼崽，小狮子们像雕像一般一动不动地趴在高草地当中。想要看见母狮子们相当不容易，因为它们把身体贴近地面一点一点向正在进食的斑马群靠拢。

刹那间，斑马群向四处散开；它们中的一头发现有些不对劲的地方。其中几头斑马向外狂奔，不时扭头观望，试图发现哪里会隐藏着危机。斑马们重新聚在一起，停下脚步，这次一只上了年纪的母斑马站在离队伍不远的地方，摇头摆尾，驱赶周边的苍蝇。此时一切显得是那么地风平浪静。一头斑马往狮子的方向张望着。此刻，所有的狮子都停下了脚步。过了一会儿，斑马们又开始优哉游哉地低头吃起青草来。

“在40摄氏度的夏日骄阳炙烤下，体力消耗得飞快。只要是有树荫的地方，狮子群通常会一动不动地躲在阴凉下。所以它们早晨外出捕猎的原因是因为那会儿天气比较凉爽，而且可以顺势借用黎明光线昏暗的有利条件。”

经历了一段和谐的时光后，母狮子们保持扇形队形缓慢前行，一寸一寸逼近斑马群。狮子们模仿着领头者的动作，一步不落地悄悄溜进了灌木丛。显然，狮子们盯上了那头脱离了队伍的老斑马。

阿什利回头看了看那头公狮子，它一动不动地还待在原先站着的位置上。斑马队伍调转方向，慢慢往反方向移动。只要斑马们停下脚步，尾随其后的狮子们也慢慢向前跟进，已经从灌木丛移到了草地附近。狮子们以自己的方式步步逼近目标。

公狮子突然发出了震天的吼声，向其他狮子们发号施令。撒迦利亚冲着公狮子点着头："真是没想到一只有着巨大鬃毛、自由自在地掌控自己领地的公狮子背后还是有很多鲜为人知的一面啊。"斑马们抬起头，发出警报，随即夺路而逃。那头老斑马速度慢了半拍，被领头的母狮子一把按住了肩膀，双双跌倒在高草丛中。其他几头母狮子随即加入围捕行动，确保到手的猎物不会逃脱出包围圈。此刻，狮口逃生的斑马们站在40米远的小坡上向下观望着局势。

肖恩和阿什利在吉普车中目睹了发生的一切，被彻底地震撼到了。在离吉普车十几米远的地方出现了混乱状况。公狮子向母狮子们走过去，要接近时飞速地冲了上去，大声咆哮着，吼散了母狮子们。它死死地抓紧斑马尸体，快速地开始大快朵颐，母狮子们则在一旁看着。

"我真是没见过这么暴力的场景，但是太令人震惊了。"肖恩说道，但眼睛还停留在狮子身上。

"一切都是和生存有关。"撒迦利亚回应道。

看着眼前上映的一幕幕，大家陷入了沉默。填饱肚子后，公狮子来到一棵树下休息。之后，母狮子把捕猎前放在安全地点的幼崽们带到进食地点，开始分享美食。

"你们真是太走运了。很少有人能在旅行开始的第一天就可以看到狮子大开杀戒；事实上，大多数人压根儿就没有看过。在草原的这些年，这么近距离的大场面我也只看过 5—6 次。我们最好现在就动身吧，留给我们赶往格鲁美地河的时间剩下不多了。”

太阳爬升得很快，三人在穿越热带大草原的途中吃着午餐。肖恩觉得经过身旁的灌木开始引起了他的兴趣。工作上的琐事似乎都已经被抛到了脑后。

“思考什么呢，肖恩？”撒迦利亚问。

肖恩沉思许久，仰脖把最后几口冰镇饮料一饮而尽，滋润干涸的喉咙。“虽然大多时候母狮子们看不到其他同伴，但它们还是能够整齐划一地进行捕猎行动，对此我感到非常惊讶。随着斑马群进行转移，狮子们也重新调整着队形，待首领发出信号才开始进攻。”

“太不可思议了，”阿什利打断了肖恩的话，“现在我总算弄懂你昨天晚上所说的那一番话了，你说我们在了解动物主要生存本领前先要感受它们。那现在——我们从狮子身上学习何种本领呢？”

“首先，在狮子上下级体系中总要有一只领头的母狮子，作为这个狮子群主要的食物提供者。”撒迦利亚回答道。

“是刚才转移到另一侧，走在所有母狮子前的那只么？”

“是的，它在行进中制订了一整套进攻计划。如果你留意了的话，在母狮子行动前，连同那只公狮子在内，没有任何一只狮子敢擅自采取行动。”

“谁会想到有这一幕啊，”肖恩不禁脱口而出，“大家总是会把丛林之王挂在嘴边，而不是丛林女皇！原来我们一直都是错的啊？”

“不，公狮子仍然是丛林之王。你也看到了在捕猎结束后的情景，它向大家清晰地传达了讯号：第一个进食的是它。话又说回来，母狮子们仍是狮子家族中的终极猎食者。每只母狮子都有各自的职责，并在整盘周密计划中贡献自己的一份力量。捕猎行动计划得精确细致，实施过程中运用策略得当，团队合作精神突出，行动准确无误。”

“这是迄今为止令我印象最深刻的一次行动。”

“在雨季期间，狮子们可以随心所欲地生活。狮群的活动领地不到10平方千米，大多数时候食物多得都吃不过来，尤其是在产崽季节，食物量则可以达到顶峰。有时它们会暴饮暴食，一顿饭就能吃50多磅的鲜肉，这个量大概是它们平时一天进食量的四倍左右。”

“你也看到了，当领头的母狮子选好那头老斑马作为目标时捕猎行动就开始了。追踪开始后，母狮子们对各自的分工都非常地熟悉。与此同时，你也见识到了它们如何共同协作、神不知鬼不觉地接近目标。”

“为什么它们在进攻前要无限接近斑马群呢？它们就不怕会吓跑斑马们么？”阿什利问。

“远距离奔跑的话，斑马会胜过狮子，尤其是距离超过 90 米的话。超过这个追逐距离，每多跑 1 米逃生机会就会增加一分。为了防止这种情况的发生，狮子捕食计划中会包括一系列关键因素。它们经验丰富地利用每一株植物作为掩护，千方百计尽可能长时间地待在高草丛中，此外还要确保相对于斑马群，它们处在顺风区中。一点点气味就会使目标脱钩，四处逃散。如果它们能够准确处理这些因素，那些惊慌失措的斑马便会成为盘中餐。”

“那么狮子们需要制订计划才能有的吃了？”肖恩在有意考察撒迦利亚。

“是的，它们这么做都是因为这个原因。初始阶段的每个动作都是缓慢且经过精细计算的，然而真正的攻击在瞬间完成。母狮子行动时，奔跑速度会提升至每小时 40 千米，在 100 米距离之内，这个速度是可以保持住的。

母狮子正是凭借令对手意想不到而又迅速的动作出其不备地捕获猎物。当斑马意识到狮子就在身旁时，已经为时已晚。决定生死的往往就是能否做出及时反应的那一刹那。”

这一切都令肖恩感到吃惊。“我没想到狮子们把每次进攻都设置得如此详尽、滴水不漏——从整体实施步骤到其中的重点，一步都没有落下。我猜只要它们想，没有什么是它们吃不到的吧。”

“猜测往往是靠不住的；这点你是知道的，肖恩。在塞伦盖蒂，容不得半点闪失。这也就是为什么要强调这些生存本领，同时也只有在这里我们才能简单地学习并且运用它们。”

肖恩细细地考虑着这番话。

“我看得出深谋远虑对狮子们是多么地至关重要。身为自己公司的头领，我远比其他人清楚这样做计划的重要性。但你的意思是每一项活动都要每时每刻地按照策略完成？”

“谋略远比一年一度的迁徙重要。公司领导们需要把整体策略与细节部分进行适当地匹配。”

“所以说狮子们告诉我们对于日常活动而言，谋略的重要性？”

“谋略是一张路线图，你需要它来定位，实现你的众多目标。”

“是的，但只有谋略还是不够的。它需要你拥有谋略意识，不论你是谁，身居何职。狮子们告诉我们，尽管作为塞伦盖蒂生态体系中掌握全局令群兽生畏的肉食者，它们仍会面对许多其他竞争对手试图撼动自己王位的情况。”

“真是有趣，丛林之王竟然还会有竞争对手。”

“确实如此；每个人都会有对手——狮子、你、我、他以及公司。任何人实施一项计划前——无论是创业还是去念书——都会创建一幅内容详尽的蓝图指引前进方向。成功绝不是靠意外运气就可以发掘出的珍宝；相反，而是通过按部就班地实施先前制订好的步骤连同使用若干技能共同形成的产物。

“就像狮子们齐心协力捕捉斑马一样，团队中的每位成员都在总体计划中担当一份角色。如果捕猎行动不成功，那么狮子们就得饿着肚子。如果团队中的每个人都不了解实施的计划或是根本不能协同合作的话，那么你的公司必死无疑。作为公司的领导者，你需要和大家并肩工作，帮助他们明白个人行为如何影响整体计划取得预期成效。”

肖恩摇了摇头，苦笑起来：“我在想公司团队中有多少人能够认认真真地把公司的商业计划从头到尾读完。”

“来想想我们刚才所见的一幕幕吧。狮群中每个成员都能理解整体行动计划，这不就是例证么？”

“嗯，是的。但计划一直在变，如果真的有一些公司的员工能够保持步调一致，那么我真的会因此非常吃惊。”

“记得那只领头的狮子么；它制订整盘行动计划并且负责实施进攻。但当狮群开始行动时，它做出了调整。”

阵阵清风拂面而过。撒迦利亚把吉普车从窄道上开到了低矮、干枯的草原上。

“你懂了么，肖恩，”撒迦利亚继续说道，“规划还包括要把补救措施与其他选择考虑进来。而难就难在我们面临的每一个选择中都包含着一系列全新的思路、期望、意见与看法。然后每个选择带来的结果又创造出许多新的选择和障碍。因此，每个抉择都会影响到下一次选择，周而复始。所以重中之重是要保证自己处在正确的道路上——不然你做出的所有选择最终都只能无疾而终，一文不值。”

“的确如此，那么，你对你大学同窗的旧友有什么样的建议和提示呢？”肖恩半开玩笑道。

“你需要做的第一件事情就是让公司上上下下的员工都明白你对公司的愿景和期望是什么。其次，你必须给予大家鼓励，让他们都参与到制订公司战略的过程中，以达到最后的目标。”

撒迦利亚顿了顿。“第三，你需要赋予团队成员权力，由他们来决定行动计划，并成功完成他们在战略计划中所需要承担的部分。”

“同意，我们在商学院有学习过相关的知识，但要是全部把它们付诸行动，则是有着非常大的挑战性的。”肖恩有点不屑于撒迦利亚提出的建议。

“没错，但是你想要成为丛林之王，不是么？”撒迦利亚快速进行了回击，“记住，母狮子中的每一头都深知它们的目标是什么，以及在达成目标过程中自己的职责又是什么。”

“是的，但经商要比打猎难多了吧？”肖恩继续发问。

“是么？也许是，也许不是。但这真的不重要；我们没有针对两者进行对比。正相反，我们在取经啊。狮子的独门生存秘籍告诉我们在每一步行动中时时保持战略思维的重要性。狮子们都如此，我们难道不该这样么？”

肖恩沉浸在相互交换想法的乐趣之中。此刻，他深处离加利福尼亚 10 000 千米以外的丛林中，针对商业战略进行富有真知灼见的讨论。肖恩对自己的团队一直都有着高度的忠诚度并恪守自己的职业道德。作为一名 CEO，在他身边能够排难解忧的伙伴寥寥无几。此外，公司接连下降的利润也迫使他改变自己的管理方式，由追求愿景领导模式转为危机掌控模式。他深知自己应该解决这个问题。肖恩对自己允诺一回到公司，立即对团队计划进行升级，让每位员工全神贯注融入其中，令包括自己在内的每个人都对团队负起责任来。

“撒迦利亚，你和肖恩谈话的时候，我想到了一件事情，”阿什利开口说道，“我在想一个家庭如果能够像狮子这样深谋远略的话，一个家庭能够实现多少成就啊。我也不知道自己该如何表述，但昨晚你说到角马的本领时，我也在思考这个问题。似乎这两种本领都可以借鉴到我们的个人生活当中去。”

“你说得非常对，阿什利。虽然我们的咨询公司正尝试着把这项研究应用到商业中去，但这些本领在家庭和个人生活中会起到更广泛的作用。例如，我们都应该还记得自己在孩童时对自己长大以后的期望：成为专业运动员、演员、神经外科医生等。当我们还年轻时就发觉自己拥有狮子一样的策略技巧，并且了解得彻头彻尾。然而，真正实现却要我们自我反省、努力工作，还要赶在大多数人发现自己的优势和明白自己想要什么之前完成。我们甚至得从很小的时候就要确定自己的理想了，并为实现理想制订行动战略。”

技能二：深谋远虑

概要

对狮子而言，要么生要么死。如果战略不奏效，就要饿肚子。而对我们来说，组织我们的思维，整合理念与经验，加入技能与专业知识以及期望，完成我们的既定目标。

战略不全是针对成果，而是和达成目的的方式方法有关。基于这个原因，理想的策略必须是机动灵活的，而非死板教条的。用最简单的形式来表达，策略就是一张路线图——虽然之中穿插着各种变化。也因为这个原因，不仅令它读起来非常困难，而且很大程度上取决于来自未来的不确定因素。

正确看待下列观点：

- 策略是一门能够令组织机构、团队或是个人通过一系列选择、计划以及行动达到目的的艺术。
- 策略需要在瞬息万变的时局中做出快速适当的反应。
- 如果你未注重细节，那么发展战略思维难上加难。有时，我们不得不利用我们的常识或是时下可以掌握的信息做出判断预测。

如果你是一个深谋远虑的人——一位谋略家，你则会在你身上找到如下特质：

- 面对困难，有能力做出多项选择。
- 能够制订令众人追随的全局计划。为了达到目标，对其中涉及的策略、步骤、资源做出定义，头脑时刻保持全局观念。具有前瞻性，并确定通过调整计划实现目标。
- 深谋远虑的思想者知道富有成效的规划与执行力是团队努

力的结果。两者共同协作，善于把愿景与实用、适时的措施结合起来，挑战战略设想，分别做出短期与长期的改变。

把这项技能发挥到极致

把狮子的谋略思想纳入自己的核心竞争力，你需要知道下列事实：

- 你是谁。
- 你要什么。
- 你去向何方。
- 你如何到达目的地。
- 如果到达目的地，你接下去会做什么。

它就是如此的简单；画出一张路线图，并且按照图来执行。

建立一个成功的策略，首先需要确定一个目标并且需要一份书面计划以达到这个目标，包括下列三个主要因素：

（1）你的目标——要成为经得住时间考验的里程碑，

并在通往成功的路途中为你进行检查校对。

（2）策略——为了达到目的而使用的方法。

（3）资源——指的是你或他人的本领技能，影响计划的因素。

谨记：这就是你的生活和职业；一定要知道前进的方向在何方。

第四章

胆识过人的鳄鱼

在大地上留下种种车痕后，撒迦利亚开着车继续向非洲草原深处前进。车子左躲右闪，绕开了大石、蚁穴和坑洼，以至于一旁的肖恩惊讶地盯着撒迦利亚，不知他怎么做到这些高难度动作的。而一些动物也仰起头好奇地看着我们的吉普车驶过。

大约 9 点，我们到达格鲁美地河。撒迦利亚把车停在了能够俯瞰主要渡河活动的山脊上。车子停泊在一棵巨大的相思树的树荫下，这里恰好可把水流浑浊湍急的格鲁美地河尽收眼底。在离我们不到 200 码的地方，数千只非洲角马正在对面的河堤上集结。

“我从来没见过这么多动物聚在一起。”阿什利嚷嚷着。

“今天会有多少头角马渡河啊?”肖恩问。

“去年第一次渡河的时候有两万多头，我估计今天我们看到的数量和去年差不多。”

“它们看上去挺心神不宁的，像被激怒了似的。它们怎么了？”

“向河对面看，在沙洲的左边，河堤小道旁边。”

“短吻鳄!”

“是尼罗鳄。这些家伙的身形可比美洲短吻鳄大多了，身长能到五米左右，平均重200多千克呢。虽然它们平时吃鱼比较多，但凡是在河边喝水的或者是过河的都得成为它们的盘中餐。今天要过河的这些角马中，老弱多病的，或是没有经验的，都得被这些久经沙场的老手们干掉。但是更多的角马其实都被这湍急的水流给冲走沉底了。”

“哇噻，”肖恩边透过望远镜观察情况，边感叹地说，“不近看真是不知道它们是群令人心惊胆战的刽子手啊。”

“这些鳄鱼在自然界没有什么对手，能活到100岁。鳄鱼们最喜欢的就是每年的这个时候了，角马会为了迁徙而过河。”

远端的河岸上挤满了角马。有不少斑马也站到了角马的队伍中，但它们却整齐地排在队伍的最后边。

“谁也不知道他们到底打算什么时候过河。除非一会儿哪只角马能身先士卒下河，否则这些家伙就得越聚越多，在河岸上继续观望徘徊。”

撒迦刚说完没一会儿，接着就听到他宣布：“时候到了。”

一头角马迅速蹿入河中，用自己的身躯作为阻拦河水的大坝，拉开了这场渡河战役的序幕。角马们眼都不眨地接连跳入河水中，肩并肩地构筑成一道阻拦流水的防线。

眼前呈现的这一磅礴场面让肖恩和阿什利惊得目瞪口呆。对他们来说，眼前发生的这一幕幕真是壮观极了：成千头角马踏过汹涌的流水，而尼罗鳄却平静地等待掉队的角马，在一瞬间出击得手。说话间，一头角马从水面被拽了下去，另一头紧跟着补充上来，踏上了泥泞的河岸。

“尽管每头角马过河只要几分钟，但今天角马队伍的规模意味着它们要花好几个小时才能从河的一面过到另一面去。对少数角马而言，今天是它们生命最后的一天，但对身在这个族群的大多数来说，这只是它们史诗般悲壮的迁徙行程中的一个小考验——前方的路仍然漫长。”

“我知道自然界的生存法则是强者生存弱者死亡，但今早在眼前再次上演的这一幕让我对这句话有了新的认识。”肖恩说。

阿什利眼睛直勾勾瞅着前方，自言自语：“我不知道自己是不是真的明白这句话的意思了。我被震撼了，老实说，甚至有些难过。”

“阿什利，从你所看到的一切中抽离出来吧，试着从中看出点门道来，”撒迦边说边开始收拾他的仪器，“我们往回走吧，找个能够俯瞰整个热带草原的地方，聊聊我们所观察到的技能。”

晌午时分，为了能够凉快些，肖恩和阿什利双手把住吉普车后的栏杆，微风从两人的发丝间穿过。因为方向越来越不好找，撒迦索性放慢了车速，最后把车停在一棵大树的树荫下。

“观景点无时无刻不带给我惊奇；非洲大陆的广袤常常让我的灵感得到启迪。”撒迦利亚边说边从吉普车后拎出两把有点年头的铝制折叠椅和冰盒，挨个儿给大家分发此时此刻最需要的冰镇冷饮。

“阿什利，来跟我说说你之前的所见所闻吧。”撒迦利亚提醒说。

“我看到的是角马做出的垂死挣扎，既要过河，又要避免成为鳄鱼们的囊中物或是沉到汹涌的河水中去。”

“你呢，肖恩？”

“我么，只好同意阿什利的想法了。那就是个不断重复演绎冷酷无情的过程。”

“真有意思，你们的注意力都被角马的行为所吸引住了。”

“嗯，我猜是这样的……”

“但是，我们现在要来点评的能力恰恰是鳄鱼展现出来的，所以你们应该向鳄鱼的观点靠拢了。”撒迦利亚顿了顿。

“鳄鱼和狮子不同的地方是，它们没法追赶自己的猎物；它只能眼巴巴地等猎物自己送上门。甚至更复杂的是，所有动物都能够察觉到水中鳄鱼的存在。所以鳄鱼就得胆大心细才能品尝到胜利的果实。”

“尽管角马迁徙的队伍一方面给鳄鱼送来了足量的美食，但与此同时，鳄鱼也面临着危险，因为它们很容易就被万千铁蹄踩成肉酱。所以它们只能借由角马队伍过河时留出的空隙时间，寻觅那些掉了队以及身体弱小的角马，在最佳时机给予其致命的一击。”

“你觉得鳄鱼也得有胆识？”肖恩吃惊地问。

“当然，肖恩。”

“它们看着更像是机会主义者。”肖恩还是略带惊讶地评述着。

“呐，机会主义者的标签有着些许贬义意味蕴含其中。退一步再想想，当机会来临之时，乘机利用它有什么错呢？”

“要是你这么表述的话么……倒也不是不行。”

“我已经在那河边观察他们很久了。一直以来，我也是批判地看待鳄鱼的。突然有一天我想通了，鳄鱼并不是角马迁徙的理由——迁徙的道路并不是它们设定的。仅仅是因为现实的残酷性让我们都统统站到了角马一方。”

“有胆识的人不会放过任何选择并且会大胆地把握住每个机会。”

眼望着远方，撒迦利亚接着说：“从某种角度看，鳄鱼大佬们才是丛林中真正的生意人。”

“这真是个有建设性的观点呢。”肖恩答道。

“是啊，肖恩。一个机会主义者会不计代价地寻找获得利益的方法；他们寻找能达到目的的可行办法。另一方面，有胆识的人会把自己放在合适的位置上，不用亲自动手攫取，便可坐等合法机会送上门来。”

“肖恩，我认为很多公司失败的原因是他们过多地关注公司的日常经营，而忽视了身边多如牛毛的潜在商机。鳄鱼们的这种技能就能够帮助我们重新定位我们的工作重心。当机遇出现时，那些被我们寄予了希望、有胆识的人就能做好准备，大显身手了。许多人无视机遇的存在，许多人没有为此做好准备，一些人面对机遇出手不够迅速，或是一些人让机会擦肩而过。”

“但是鳄鱼，会把进入它领地内的所有动物视为机会。评估风险完成得井然有序，出击捕获猎物势如疾风骤雨。”

“所以这种技能只适用于冷酷无情的生意场么？”阿什利问。

“当然不啊，在日常生活中也是相当地重要啊。假如你要是没能把握住一个为你的儿女们创造良好生活环境或条件的机会，你这个家长做得是不是不太称职呢？”

“确实很不称职呢。”

“所以要记住，我们谈的不是简简单单地坐享其成，而是养成积极寻求机会的心态。或许入学充电、某人对你的启迪性的谈话都会给你的事业带来提升——因为他弥补了你的不足。我们要做的是让你的大脑敏感起来，学会分析向我们汹涌而来的每个机会，无论这个机遇是大或小，无论出现在我们的生活中或是商场中。”

“嗯，每个机会么？”肖恩说。

“为什么不呢？我说的是分析而不是获取。我们没法不遗余力地去做每件事情，但是请记住，在塞伦盖蒂草原，要想活下去就得靠有股劲头儿。”

撒迦利亚见太阳爬到了天空的最高点，便决定返回营地，因为在回去的路上，他还要停下来两次。“多带瓶水，我得赶快从这儿开到草原去，还有项生存技能得展示给你们瞧瞧。”

技能三：胆识

概要

胆识意味着积极主动，愿意接受新工作，以及有着强烈地获得成功和取得成就的欲望。这些特质是一位出色企业家应当具备的要素。就像鳄鱼一样，有胆识的人具备能量、创造力以及拥有别人不具备的能够洞察未来可能性的雄心壮志。有胆识心的个体对待工作热情满满，从错误当中学习总结，对自己的优缺点认识准确，洞悉机遇，根据有限的资料做出决策性决定。

如果你是个有胆识的人，那么下面描述的特质在你身上也不难发现：

- 面对困难，能够解放思想，形成对策。
- 借由完成明确的任务，促使自己和公司同时进步，培养支持富有想象力和创新力解决方案的企业文化。
- 有成功的决心，由此生成另一项素质：自信。
- 倾向独立工作——对于商业上的成功起到至关重要的作用。强调企业家理解奉献的内涵，以及短期辛勤工作如何得到长期的回报。
- 有胆识心的人领导欲望强于服从的欲望；他们寻觅能够带来自主权的大把机会。他们谋求变化，而非恐惧变革。

把这项技能发挥到极致

企业家与有胆识的个体总是体现出与众人作风相斥、独占鳌头的特质。他们热衷于利用身处困境的机会，并不会让其成为自身的负担。无论何种能力，都有些陷阱要引起警惕：

- 未能对潜在危险进行测评和分析，并在开始时采取应对措施。
- 未能经常和他人进行沟通，确保他们了解工作对其的要求是什么，明确是否拥有必要的资源或能力，以及对于自己负责的工作是否能够完成。

谨记：有胆识的人在机会送上门时知晓如何应对。

第五章

卓有成效的猎豹

花岗岩山坡粗糙及纹路错杂的表面历经数年火山活动、经受风雨与日照的洗礼侵蚀而成。从没有现成道路的山坡顺坡直下，一路上的颠簸曲折，远超过河边景色的起伏变化。

“看那里！”撒迦利亚喊道。

肖恩再次抄起长焦望远镜，朝撒迦利亚指着的方向望去。但事实上那个方向有着上百座小土坡。“看哪一个啊？”

“就是那个在草地正中间，140米外的白蚁丘。”

“那我要看什么动物？”

说时迟那时快，一团黄灿灿的东西从草丛后蹿了出来，一头健美的猎豹跳到了白蚁丘之上。蹲坐在坡上，它谨慎地观察着周围的动静。很长一段时间内大家一言不发。这头猎豹身长 6—7 英尺，一张圆脸，有着猫一般的长尾巴和耳朵。它胸部宽厚，接近腰部又变得甚是窄细。但令人印象深刻的是它油光锃亮的外表和覆盖黑色斑点的皮毛——在干旱的非洲草原上是完美的伪装。

“是公的还是母的呢？”阿什利问道，望远镜中的猎豹正直瞪瞪地盯着她。

“是母的，而且是位母亲。她四下里张望，寻觅着午餐，眼睛盯着右侧 100 多米之外正在吃草的羚羊。”

“它简直是美极了。肖恩，你看它外表多么地时尚有型。你看！还有两只幼崽正在往上爬呢。天啊，真是太招人喜欢了。”

撒迦利亚放下手中的望远镜指着远处的树木。“把目光收回来，看那棵荆棘树的树荫下。看见那些狮子了么？它们今天的工作就算是完成了；直到日落它们都会无所事事。就像我们先前遇见的狮群，看上去它们已经填饱了肚子，剩下要做的事就是在阴凉下躲避酷热。树下的温度也就 20 度左右，比猎豹待的地方要凉爽一些。”

“广袤的草原是片再理想不过的开阔地了，白蚁穴提供了一个非常有利的地理位置。基于上述原因，猎豹才会如此喜爱这一览无余的平原。当鬣狗和狮子们睡觉休息之时，整个草原便处于猎豹的掌控之下。如果耐心等待，我敢说定会有个绝佳的机会让我们见到它出击的。”撒迦利亚说道。

真是一幕幕反差鲜明的情景，肖恩想。一方面他们见证了苦难重重的渡河场景，另一方面，身临其境地体会到了这片土地的祥和宁静，旁观了一场角逐生死的战役。回到洛杉矶的生活还会如此么？继续追求生活在鸡毛蒜皮的琐事中么？

羚羊继续吃着草，尾巴如扇子般呼扇呼扇地摆动着——却无论如何也不会想到此刻猎豹正在盯着自己。

“母豹的两头幼崽还要很久才能长大成熟，虽然已经18个月大了，还是会依赖母亲得到食物和保护。集中精力研究着眼前羚羊群的同时，母豹现在忧虑的全是这些事情。现在它意识到我们不会对其构成威胁，接下来便会出击捕食了。”

突然，两头幼崽停止了玩耍。它俩躺在了草丛中，好像是收到来自母亲某种无声的命令似的。母豹顺势猫下腰躲进了长草丛里，不见了踪影。阵阵微风扫过草丛，完全不见母豹的身形。撒迦利亚指着离羚羊群30米远的一块大岩石。

“它现在一步一步正朝那里行进，接近羚羊们。现在正是顺风，能够使它无限靠近。此时此刻，视觉比嗅觉更能帮助到它；它的视力正帮助它接近目标。由于身孤影单地捕食，让对手大吃一惊非常重要。”

他们观察的同时母豹从草丛中冒了出来，因为躲在另外一块裸露巨石的后面，所以仍然若隐若现。它逐步估算着离猎物的距离与地点。世界此刻仿佛停止了时间的转动，他们能够感受到母豹为了进攻而绷紧了肌肉。羚羊群对即将临头的大难显然没有意识到，显而易见，母豹已经锁定了一头离群的羚羊。很快，母猎豹在几秒钟内提速并全速前进，眨眼间就跑了 30 米远。不到一分钟，它便锁住了羚羊的喉咙并死死咬住长达五分钟，直到羚羊死去。

干热的风卷起了猎豹奔跑扬起的灰尘，母豹慢慢地把午餐拖回来带给幼崽们。一路上它仍然向四处张望着，提防着想抢走幼崽们食物的对手。肖恩和阿什利还坐在一旁惊得目瞪口呆之时，那边的一家三口已经开始享用午餐了。

撒迦利亚开口打破了沉默：“很少有动物能够摆脱猎豹的追逐。塞伦盖蒂草原不会有任何限速的条令，每小时 70 千米的速度，猎豹应该算是地球上奔跑速度最快的食肉动物了。猎豹小小的脑袋、纤细的身体，以及修长有力的四肢能够令它达到这样的速度。而且在转弯的时候不会摇摇晃晃，因为细长的尾巴能够完美地保持其平衡。”

肖恩挪了挪身体，再次举起望远镜，好奇地问：“它能保持那种速度多久？”

“不太久。跑到这个最快的速度要消耗它大量的体能，而且体温和心率会上升得非常快。这就是为什么它现在躺在幼崽身旁气喘吁吁的原因，它一点东西都没吃。在短时间内消耗那么多的体能至少要20分钟的休息，才能调匀气息，使身体技能恢复正常。它现在左顾右盼，就是因为现在如果和其他肉食动物交手，自己会深处劣势。对猎豹来说，一剑封喉绝杀对手只完成了一半的任务，它现在还要提防其他动物利用自己正处在恢复期而偷袭夺走食物的意外发生。它之所以选择在一天中最热的时候捕猎，就是要减少碰到其他竞争对手的情况发生。你可能会说它正好填补了空白期；但俗话说，乘时乘势，说的就是这个道理。”

肖恩往后靠了靠，舒展腿脚，大脑中一直反复播放着势如闪电般的猎豹以每小时70千米的速度追逐猎物的画面。肖恩注意到阿什利眼睛还在盯着猎豹正在进食的幼崽，而它们的母亲在身旁放哨。

“美国人崇尚速度，因为速度往往和胜利联系在一起。不可否认的是，尽管速度快带来很多优势，但最大化价值往往出现在速度与效率合二为一之时。想象一下，利用最少的资源，在尽可能短的时间内‘达到预期效果’或是‘完成工作’。猎豹妈妈不可能永远保持那样的高速——所以它也不可能拥有无穷无尽的资源。”撒迦利亚道。

“效率就是优化所有资源以达到最佳结果。”

“我们人类也是一样。我们的效率取决于我们是否能够很好地发现并应对来自于内部和外部的各种因素。各种干扰、精力分散、失误、身体与精神上的疲惫，或是缺少经验以及专业知识，都能够令我们失去焦点。”

“ 干扰因素也太多了吧，撒迦利亚！你的意思是不是效率要比速度重要？”肖恩有挑战撒迦利亚的意思。

“毫无疑问，你必须得严控时间，但又不能因此牺牲掉生产力与效率。在塞伦盖蒂草原上猎豹可能是跑得最快的动物了，但它也知道如果跟丢了猎物，一切的努力都是白费。如果这场追逐战不能在它用尽气力前结束，它是不会参战的。”

“它的情况和我们正好相反。不切实际的臆断往往阻碍我们做出明智的决策。我们急匆匆地以确保不错过截止日期，随后精力分散不能集中，进而失去焦点，愚蠢地浪费着我们的资源，最终在大限前完成工作——但工作中出现重大错误。”

肖恩不住地点头表示同意：“在过去几年中，在政府部门和公司内部，我见过太多相似的情况了。最近一段时间内简直像流行病一样传播。我们还有很多改进的空间。”

撒迦利亚朝吉普车后走去，打开小冰盒，喝下了大半瓶水，接着说：“效率是一种能力，能够令你正确、完整地用最少的时间和工作量完成任务，还要在整体过程中消耗最少的资源。因为这个原因，一个团队——比如你的团队，肖恩——当他们在高速工作状态下，一定不能有效地工作。”

“那是一定啦，但面对着犹如家常便饭般的最后期限，有点儿站着说话不腰疼的嫌疑啊。”

“我也这么觉得。永远是这样的状况。速度与效率是两个各不相关的要素，二者一旦进行有机地融合，则锐不可当。找到两者间的平衡则是一大挑战。”

“就像那边的猎豹似的，”撒迦利亚继续说道，“如果它每隔几秒就变换目标追逐不同的羚羊，那么到头来很可能一头也追不到。”

“你说得很对，”阿什利答道，“我之前工作的学校就没有聚焦精力。他们一直追求不同的目标。就因为这个原因，我们一直都没法按时或是在预算内完成工作。”

“你需要做的第一件事就是找出一个组织内部效率低下的办事方式，用更加行之有效的取而代之，”撒迦利亚解释道，“然后，你可以把新的方式方法融入到每日的工作中去，改变团队办事思维与工作习惯。”

“你已经很会管理你的时间了，肖恩。”阿什利评论道。

肖恩回想着自己的日常习惯。千真万确。肖恩一直信奉聪明地工作，而不是玩命工作。他喜欢使用检查清单，使用最新科技控制工作流程，并且通常习惯运用杠杆原理把资源利用到最大限度。但他却默许工作截止日期那一套在公司大行其道。撒迦利亚的话中蕴藏着很多真理。胸怀计划，坚持到底，把握机遇，做事行之有效——所有这些生存本领在现实世界中也是成功所要必备的。一旦知道了这些事情，也就不会再循规蹈矩继续错下去了。今天一堂活生生的课上下来，也让他重新梳理了基础知识。

“在你急着想要提升你公司的效率前，我要扩展你的思路，呈现塞伦盖蒂要我们学会的众多独特技能之一。”撒迦利亚说道。

“什么技能？”肖恩问。

“那个是我们每个人都应具备的本领，但对领袖来说更加重要。它比其他本领更加容易被忽视。”

“到底是什么本领？”阿什利问。

“先卖个关子。要记住你们需要首先体验每种动物生活的自然栖息地。我们一起上车，开车前往树林的边界，我就能给你们看了。”

技能四：效率

概要

像猎豹一样，效率是在最短时间内消耗最少的能量和资源完成工作。

如果你是个做事有效率的人，那么在你身上会发现如下习惯与特性：

- 你会寻找最有成效的方法达到目标，不会因适应不断变化的环境，或是因为响应它们、识别影响效率的原因而浪费精力。

- 你尝试着避免消耗过多资源的方法是找出耗费资源的个人极限。
- 你把每天的工作进行规划，安排好待办任务的先后顺序，经常梳理待办任务清单，保障优先事项，并严控时间安排。把较大的项目按照难易办理程度切分成小块。
- 你是个卓有成效的时间管理人，有能力评估并且处理阻碍完成任务的因素，如自发干扰原因。
- 每天开始和结束时，你有条不紊地保持着“开始 / 结束”工作程序，有助于精力保持集中，更加有效地运用高峰时间。
- 你意识到时间是你最宝贵但有限的资源。你不能购买更多的时间，因此，如何有效使用它构成并影响你的生命。

把这项技能发挥到极致

知晓自己的极限；保持身体健康和思想态度积极向上。最终，变得有效率的关键在于及时或成功地完成工作或任务，不对余生带来影响。

为了完成任务，你必须经常在项目实施过程中或是在自己身上，通过下列做法寻找效率低下的现象：

- 控制个人冲突根源，比如一些干扰分心因素（电邮、往来电话、上网等）。
- 不断关注过程；正确的时间做出正确的事情。

最重要的是，通过下列行动采取主动的态度：

- 不要同时处理多重任务，学会说不。
- 适当的时候把任务委派给他人。
- 寻找提升办事效率或程序的方法——人们做什么以及如何去做，并且要提高生产效率，第一次做事的时候要正确恰当，而不是敷衍了事地完成它们。
- 确保资源，如人力与物力等，被有效地利用。

谨记：目标是事半功倍，而非事倍功半。

第六章

仪态优雅的长颈鹿

几乎没有比荆棘树更能代表非洲的树木了。“我们的车只能开到这儿了，”撒迦利亚说着，把车停在一棵枝干粗糙、宛如一把巨大雨伞的荆棘树下，“我们走完最后一段路吧。”

“这可是荒郊野外啊，”阿什利抗议着，“我们刚刚才见过猎豹猎杀羚羊的场面！”

“别担心阿什利。我向阿利承诺过要保证你们的安全，是不是？”

心怀些许不安，以及对未来发生事情的不确定感，肖恩和阿什利一步不落地跟着撒迦利亚穿过灌木丛。众人小心翼翼地左躲右闪，就怕刮到多刺树林独特的利器：无数能够瞬间刮到衣服的小钩子。他们翻过一座低矮的小山丘，绕过一大片灌木丛，最后来到一片开阔地带的边缘，这里能够俯瞰一座峡谷。

山脊的另一侧，呈现出你所能想象到的最赏心悦目的风景之一——一群长颈鹿出现在视野中，在树丛间徘徊。九只成年长颈鹿以及三只小鹿慢悠悠地从一棵树树顶吃到另一棵上。

“没有什么能够比在自然栖息地碰见一头长颈鹿更棒的事情了。和猎豹一样的是，长颈鹿喜欢待在塞伦盖蒂草原的特定地带；它们每年不会加入角马的行列进行迁徙。长颈鹿对干旱的忍耐力超强，因为它们能够储藏超大量的水。”撒迦利亚说。

“它们高挑的身材令人印象深刻。那些树木从底部到顶部感觉距离很远，然而这些长颈鹿似乎不费吹灰之力就能超过树顶。它们这得多高啊？”肖恩问道。

“作为这个地球上身高最高的陆地动物，它们平均身高在 5—5.5 米之间。荆棘树长长的刺令大多数想吃到它们树叶的动物望而却步，但对长颈鹿来说则不然，它们 18 英寸长的舌头能够到这些长刺。它们一天中的大部分时间都在进食，因为这样才能喂饱它们的肚子。”

“从早到晚都在吃，真是件令人开心的事情啊。”阿什利说道。

肖恩和撒迦利亚都笑了起来。

“它们会发出些声响么？”阿什利好奇地问。

“它们生性和气安静，但会用咳嗽或是低吼声进行相互交流。在塞伦盖蒂草原的长颈鹿属于马赛伊或是乞力马扎罗品种。那边的长颈鹿是母的，还带着一岁大的幼子。年轻的公鹿更倾向于在单身鹿群中生活，但成年的公鹿则一般独自生活。”

“它们就不怕食肉动物吗？”肖恩问道，脑中浮现出刚刚见到的猎豹捕食的场景。

“不会怕的。长颈鹿是非常难对付和危险的捕食对象；下脚稳准狠地一踢就能让食肉动物的骨架或脊梁粉碎性骨折或是散架。狮子是唯一能够对成年长颈鹿构成威胁的动物。然而，长颈鹿要是飞奔起来，拦住它们简直是妄想。”

“而且人送外号‘塞伦盖蒂瞭望塔’的它们并非浪得虚名。它们的身高对靠近的猎食者起到了足够的震慑作用；所以其他很多动物才那么喜欢待在长颈鹿周围。另外一件令人称奇的事情是——它们一天的睡眠时间不超过两个小时。”

“哇！如果我也能只睡两个小时，我能做多少额外的工作啊。所以它们的本领是能够把时间最大化利用咯？”肖恩问。

“不，不是。它们可能22个小时都保持醒着，但是那段时间并不能保证有效高产。”

“你看，肖恩，”阿什利热情高涨地说，“看见那边散步的两头长颈鹿了么？步伐是多么华丽且韵律十足啊。”

“和其他有蹄动物不同的是，长颈鹿走起路来同时迈出左前和右后腿，然后再伸出右前腿与左后腿——这样让它们的身子和脖子协调优雅地摆动起来。”

“它们能跑得快么？”

“可以的，”撒迦利亚说，“一头成年长颈鹿时速能够轻松达到每小时40千米左右。简直令人难以置信，对不对？世界上最高的哺乳动物却有着最优雅的气质。但是，优雅不仅仅局限在它们的走路姿势上。它们的社会行为令它们收获塞伦盖蒂草原上最具优雅气质动物的称号，也同时保证了长颈鹿无论身材高或矮，美丽、优雅、款款有型等特质皆得以体现。”

“它们的本领就是——优雅！”阿什利激动地喊着。

“洞察力非常敏锐，阿什利。对大多数人而言，信仰停留在精神层面——但对另一些人来说，是客观存在的体现。我们大多都相信太阳明天会再次升起，我们会健健康康地醒来。我们通常认为新的一天会带来新的机会。但问题是很多人都会希望它们的到来，而不是去寻找它们。很多人渴望得到机会，但是少之又少的人会珍惜它们。我们中的不少人只有在所有事情一帆风顺的时候才会变得乐观积极，但在这个时候拥有这种态度是再正常不过的事情了。优雅生存本领强调的是，即使事情没有按照我们的想象发展之时，我们也必须表现出优雅。”撒迦利亚说。

阿什利马上对这种本领心领神会了，并且分享了被学校解雇之后的一段个人经历。

“在事情变糟糕的时候，我见识过人性的阴暗面。去年学校向我们发出解聘信后，大家都很不开心，但每个人的反应却大不相同。一些同事对这事处理得很专业，一些人数落政府的不是，然而另外一些人开始在同事背后捅刀子。整个情况变得令人很不愉快和厌恶。”

“优雅不仅仅要体现出做事风范与应用的策略，更要选对任务。”

“可以想象，”撒迦利亚说道，“失业应该是我们碰到的令人压力最大的事情之一了。但因此对你的同事们失控与丢掉应有的尊重，以及用令人憎恶与伤人的方式对待此事绝对不是正确的处理方法。”

“处事优雅教会我们拥有耐心，耐心让我们学会理解，理解让我们懂得接受，接受能够令我们远离压力重重的境况。”

“我也曾试着这样做过——从过去中走出来，”阿什利说，“在我了解的或是工作起来能够轻车熟路的专业领域以外寻求新的工作。起初异常艰辛，而且感到无比恐惧。”

“一扇门闭合之时，你需叩开其他大门，无论这扇门是关是开。打开大门的钥匙就是要保持乐观的精神，”撒迦利亚说，“优雅是保持我们生活平衡的指导方针。它既能作为我们的目标与动力，也能帮助我们理清关系——众所周知，解决起来最为困难的事情之一便是协调各种关系。”

“优雅通过同情、仁爱、善良、宽宏等不同特质得以体现。作为一项重要因素，它决定了我们如何能够游刃有余地同他人共事。重要的一点是，我们不仅要对自己喜爱和关心的人表现出优雅，也同样要对那些每天进入我们生活的人如此。”

“生活中身处什么样的地位一点儿都不重要，关键在于你是否珍惜现在所拥有的一切，心态对态度有着深远影响。我们清晨醒来，享用早餐，之后计划着如何度过这一天。就是这样的日子，我们仍比世界上 95% 的人们要幸运！对那些非洲和其他发展中国家数以百万的人们而言，他们每天都要为了温饱而挣扎。”

长颈鹿们由树丛转战至开阔的草原上，成为了草原风景中绝对的主角。

“长颈鹿的优雅体现在跑动过程中步伐的移动。”撒迦利亚补充说道。

“在生意场上，要表现出落落大方的仪态似乎并不适合，尤其是和你教给我们的其他技能对比而言的话。在商业世界中的优雅和我们生活中的一样重要么？”肖恩猜测。

“非常正确。优雅的态度在生意场中是必不可少的。我们的商业机构如何和顾客打交道，和对手以及供应商过招，甚至我们团队内员工之间的相处，无时无刻不体现出这种本领。优雅不仅仅要体现出做事风范、应用策略以及品味，更要选对任务，即使在没有人要求你这样做的情况下。这种本领必须存活在我们细胞里，扎根在我们的信念与感恩中，以及体现在我们心甘情愿所做出的贡献中。”

“我们做什么以及如何去做，这都反映出我们的专业技能、经验与自我价值。赢得胜利固然重要，然而如何取得这场胜利则更加重要。所采取的行动要体现出与个人风格相符合的尊严、荣誉与优雅。它涉及的范围广泛，从生产过程中不偷工减料、向顾客提供高质量的服务，到做出正确抉择以及信守承诺。所有商业行为的重中之重就是要做到优雅。如果我们把优雅引申为专业精神的话，那么一些人对此会理解得更加透彻。”

“是的，”肖恩答道，“我现在算是理解了。对于一家公司来说，拥有能够让公司上下坚守的道德标准是一件非常重要的事情。”

“而且，”阿什利加入谈话，“能够帮助我们从每日的工作混乱中解脱出来，让人们把眼光放长远些。”

“听听你们两人的对话！你们开始把这些与智慧和内涵挂钩了，而没有与你们通过观察学到的真正本领进行联系。”

“嗯，但我们有位杰出的老师啊。”阿什利笑着说。

撒迦利亚脸红了一下，随后接着说了下去。

“无论任何形式的成功，其核心基础都是体现优雅。那些对他人展现出真正仁心与仁慈的人们，无论事情是否按照其预期发展，都能从琐事中升华。”

“趁我去发动吉普车的时候，你们俩何不放松片刻，再欣赏欣赏眼前的美景？”

“我们自己待着安全么？离狮子远不远？”阿什利担忧地问道。

“阿什利，留心你身边的一切事物。要眼观六路、耳听八方。热带草原那一端的长颈鹿为你站岗瞭望，山谷中的斑马为你倾耳细听。此外，如果周围危机乍现，我们右手边草丛里的珍珠鸡就会发出警报。所以你绝对安全。狮子们还在享受午后的小憩。”撒迦利亚说完，随后消失在一棵无花果树后。

“优雅，谁能想得到呢？”肖恩感叹道，边说边坐在一块裸露外皮的硫化岩石上。

“对这种美丽的动物而言，这是个再完美不过的比喻了。它们的风采似乎要完全胜过这个比喻。撒迦利亚是绝佳的良师益友，不仅有着数不尽的和自然与动物有关的知识，而且他有着独到的理解与分析能力。”

“你觉得我该如何把优雅应用到工作中去呢，阿什利？”肖恩问道。

“我觉得，你可以取消一些工作完成的截止期限，这样就可以创造一个压力较少的工作环境。还可以尝试着阻止办公室政治在公司内部生根发芽，甚至还可以组织娱乐活动让公司员工共同参与，再次激发员工积极性，就像公司刚起步那时你策划的那次一样。我们曾经肩并肩共渡难关，但要记住撒迦利亚所说的：我们的生活比大多数人都要优越。我们要留心如何帮助你公司中所有的员工——尤其是那些正苦苦挣扎着维持生计的员工。或许我们能够成立个互助小组，帮助那些结了婚的夫妻，如果他们需要，帮助他们找份兼职工作，甚至为他们的孩子们成立教育基金。”

“太好了！”肖恩说，“你这想法从哪里蹦出来的？那些主意真是太棒了。我现在想起来为什么要娶你了。”

阿什利笑了：“我一直都在帮你想着这事。你工作到昏天黑地，忙得都没有时间关注这些事情。”

一群看上去像鹧鸪的暗灰色鸟不知从何处焦躁地挥着翅膀从山谷间安全地带掠过。

“那些是什么鸟？”阿什利边问边向肖恩身边挪了挪。

“一定是撒迦利亚提到过的珍珠鸡。”

“这意味着某种动物就要登场了，肖恩。”

说话间，吉普车穿过草丛，撒迦利亚把车停在珍珠鸡旁。

“珍珠鸡飞起来的时候，你可吓坏我们了。”肖恩说。

“伙计们，对不起。我不是故意的。它们一听到有东西接近，就会变得聒噪。”

“撒迦利亚，今天的行程让我意识到了一些事儿。我不得不承认，我总是急匆匆赶时间，很容易就被日常琐事绊住手脚。那时我就没法顾及对我格外重要的人或事了——比如阿什利，”肖恩笑着说，“与你偶遇并且有时间和这些动物们打交道让我有机会对自己进行反省、梳理思路。我不得不说的是，我有点无所适从了。”

“别担心，肖恩，”撒迦利亚说道，“今天是你到非洲的第二天，而且你也已经体会到了很多东西。但对我来说，这是一生的旅程。”

肖恩和阿什利看了长颈鹿最后一眼，撒迦利亚随后把车开回到泥土路上。这幅画面会在未来的许多情境下浮现在二人的头脑中。

而这本身也的确是一个优雅的想法。

技能五：优雅

概要

优雅一词的含义因人或场合的变化而变化，其含义取决于具体语境。一些人会用修饰人类的语言描述长颈鹿身上的那股优雅气息，如雅致、迷人，或把气质描绘成一种积极的态度，而另一些人把它看成是神圣的起源。他们坚信这种气质代表着一种天赋，在发掘、提升或是扩展个人性格过程中起着不可或缺的作用。

无论你如何看待它，优雅是一种性情，对待他人要有恻隐之心，要展现出善意。对那些还没有获得这种本领的人来说，当下重要的事情是，需要体现出施行爱心与仁慈心的行为。无论生意场上还是生活中，优雅同样重要。

优雅的真谛蕴藏在点滴间，我们做什么样的人，我们信仰什么，我们对世界做出何种贡献或是心怀何种感激，皆涵盖于此。优雅人士有如下特征：

- 这些人寻求让他人感到他们自己身份的重要，能和他们一起共度时光，而且总是把他人的需求放在第一位。

- 这些人按照自己的行为准则生活，这些准则高于其他常规的行为准则，待人接物过程中体现出尊严、荣誉、尊重——即使当事情并未按照他们的预想进行时。

无论在工作或是处理个人琐事时，优雅营造出丰富以及充实的生活。它不是一种部分人掌握而其他人不会的本领；它是一种通过观察和做出承诺而得到的心境。首先，这种本领重点集中在他人身上——我们如何对待以及如何能够把他人的需求优先排在自己之前，而未经任何的思量或是满怀期待回报的心态。

我们锤炼优雅气质的能力不取决于我们有或没有它。关键在于我们能不能对我们拥有的一切怀有感恩的心，以及如何与我们身边的人们相互合作。

把这项技能发挥到极致

你同他人沟通的腔调与方式影响着你如何建立自己优雅的气质。它可以透过你的语言、态度、肢体动作清晰地显露出来——所有这一切都把你对他人的真正意图昭告天下。

这些特质可以通过改变对待他人的态度而获得。在工作场所中已经得到了验证，只要改变：

- 从掌控大权到挖掘团队潜能。
- 从单纯管理到成为良师益友。
- 从雇佣关系到令员工享有自主权。

拥有优雅气质的个人都会发展相互依存的关系，这种关系凭借耐心、自律、尊严、荣誉以及尊重他人而得以加强。他们通过辨识他人的优缺点进而实现这个目标，并渴望发展优点。他们会意识到鼓励他人的重要性，而并不奢望因此得到他人的认可。

优雅体现出办事特立独行的特质与胸怀仁慈之心，但最重要的是选择正确的事情动手去做——这种能力常有助于完成既定目标，无论这个目标是什么。

第七章

敢于承担风险的猫鼬

之前这里还有水，但在气候干燥的8月，池塘里的水都已经蒸发干了，只剩下烈日骄阳下厚厚一层裂开大口子的黑棉土。酷热也令残余河底的棵棵小草变成了枯黄的干草。这一切都揭示了角马迁徙的原因。

撒迦利亚、肖恩和阿什利一路前行，各自陷入沉思当中。经过一整天的暴晒和尘土飞扬，对一杯冰镇日落酒浸润喉咙与回到营地洗澡的期望是令他们迅速返回营地的动力。

撒迦利亚介绍出场的每种动物都展示了对生存起到重要作用的技能。虽然这些技能无疑能够适用于竞争激烈的商业世界，但肖恩意识到他也应把这些技能教给他的孩子们。角马和狮子给自己留下了特别深刻的印象；是它们让肖恩认清了现实，用坚韧不拔的毅力把犹如一个计划一般简单的事情坚持到底，这种精神能够帮助他们的孩子完成他们生命中的大多数目标。

突然，一小群黑斑羚出现在吉普车正前方打算冲过道路。撒迦利亚急打方向盘把车转向一旁，紧急踩下刹车避免撞到它们。干裂多沙的地面使吉普车向前滑行了一段，撞上白蚁丘后，才停了下来。肖恩和阿什利两人身体同时向前冲，一大团灰尘包围了他们。

“怎么了？”肖恩问。

“我们撞到了一座白蚁丘，被卡在里面了。”

撒迦利亚试着倒车，但车轮卷起了更多的尘土。

“我们离营地还有多远？”阿什利询问撒迦利亚。

“不远了，大概三四千米的路程。”撒迦利亚说着指向穆萨比平原的东方。

肖恩爬出了后座，问：“我们能走回去么？”

“我们可以，但是我更希望你们两个待在这儿。我自己回去更好一些。”

“你打算把我们再一次独自留在荒原上么？”阿什利问道，流露出一丝焦虑。

“一会儿我就会和阿利一起开着路虎回来的。你们待在吉普车里会很安全。而且，这也不止你们俩。”

“什么意思？”

撒迦利亚指着不远处的另外一座白蚁丘。猫鼬一家后腿站立在蚁丘上面，看着刚刚发生在它们眼前的一幕。那些之前跑到安全藏身处的猫鼬也跑出来看热闹。

“哎呀，快看，亲爱的，狐獴庄园！”阿什利惊呼。

撒迦利亚笑了。他也收看过那个大受欢迎的动物星球网络节目，这个节目令狐獴名声大噪。

“对的，阿什利。狐獴主要生活在非洲南部，但是它们和这里的猫鼬其实同属一个族系。此外，它们组成了世界上最大的食肉动物家族。”

“食肉动物？和狮子一样么？”

“不完全是，但它们确实吃肉。但是，这些小家伙主要吃虫子，比如甲虫、蝗虫、蜘蛛、蝎子还有一些小型啮齿动物。多数人能够联想到猫鼬是因为它们是善于社交和具有群居性的动物。它们以小组而居，一组有二三十个成员。成员间联系密切，靠唠嗑和发微博维系关系，聊些家长里短的事情。”

发微博？肖恩觉得这个比喻太有意思了。一想到猫鼬发微博的画面肖恩就觉得好笑。

阿什利则开始拍照，把之前的担忧统统抛到了脑后。

“这些小家伙够看好几天的。我猜你在观察它们的过程中了解了很多有关猫鼬家庭的奇闻趣事吧。”

“精打细算后再去承担风险是每段旅程的核心部分。”

“确实是。观察这些小家伙是很好玩的一件事。猫鼬们的掌门是一对儿能主事的猫鼬夫妇，每年能下三窝幼崽，每窝大概四到六只。它们的领地观念很强，而且会拼命地保护一生居住的这个家。事实上，不同帮派的猫鼬一见面就会为争地盘大打出手，大帮派常常把小帮派给赶跑。”

“直立身体是它们最喜欢的姿势。为了预防危险发生，群组中至少有一位成员站岗，不间断地扫描地面情况，警惕危险的出现。一旦嗅到危险的气息，放哨的猫鼬就会发出短促刺耳的警告，整个猫鼬群就会立即奔向蚁丘中的掩体或是最近的地洞。”

“所以，不要担心；要是周围有什么风吹草动，这个猫鼬群一定会让你们知道的。我现在得出发回营地了，以便天黑前能赶回来，否则阿利会开始担心我们去哪了。”

“要是它们发出了危险警报，该怎么办？”肖恩关切地问道。

“待在车里别动，你们就没事。我一小时内就会回来。”撒迦利亚说着抓起一个水壶还有一个指南针下了车。撒迦利亚步行速度飞快，一会儿便没了踪影。现在，这里就剩他们两人了。

肖恩和阿什利环视着四周，到处都是白蚁丘，比之前看到的还要多，东边满是壮观的岩层。一群戴着顶冠的珍珠鸡急匆匆地蹿了过来。

“阿什利，你看，这是我度过的最不同寻常的一天，身处灌木丛中，亲眼目睹生与死交替出现。大自然的确是我们这个星球上最伟大的遗产。这儿完全是一个不同的世界。它能让我们学会更客观地看待发生在我们生活中的事情，对不对？”

“我明白你的意思。”

肖恩笑了。这些年来，两人很少能够如此地心平气和以及精神放松。

今天一整天都在刮风。远处，阳光下，由灰尘调和出的明黄以及亮橘色渐变成红与暗红色。落日将荆棘树美丽的轮廓投影在地平线上，成为塞伦盖蒂草原上令人难以忘怀的标记。

“气势磅礴,”阿什利说,“我从没见过比这更壮观的落日场面了。”

最后一缕日光褪去,黑夜紧随其后到来,被太阳晒黑的温暖沙土开始冷却下来。喜光的动物早因预期到不太平的夜晚即将来临而已找到躲避的掩体。夜色快速把整片大地严严实实地包裹了起来,天色渐暗的天空里密密麻麻地铺满了星星。风最后一次吹过,仿佛捎来了夜晚一丝不祥的预兆。黑暗眨眼间降临,温度也随之下降。

肖恩回身找到了早上穿过的毛衣外套。虽然他们从起床到现在已经超过 14 个小时了,肖恩没有任何疲劳和压力感,而在办公室工作一天后却常感到这样。

“谢谢你,阿什利,”肖恩嘟囔着。

“为什么谢我?”

“就为了你坚持我们来参加这次旅行并来到塞伦盖蒂草原。”

“哦,因为这个啊!”艾希利咯咯地笑着说。

几分钟后,远处传来路虎车的轰鸣声。

“已经一个小时了么?时间过得太快了!”

肖恩笑着看着向他们驶来的路虎。

“你们还好吧?”阿利先开口问道 。

“一切都很好。”

“我担心得要死，”阿利说，“我们从来没有把客人独自留在营地之外的地方过，更别提是大晚上了。撒迦利亚真是不应该这么做。我对此感到非常的抱歉！”

肖恩向阿利确认：“没问题，别担心，阿利。事实上，我们两人独自和塞伦盖蒂草原相处，真是件神奇的事情。”

“好吧，赶紧坐上路虎车吧，我们这就回营地去。我们明天早上再来拖车。”

即使周围黑漆漆一片，回程车开了不到10分钟。阿利仍在不断道歉，并像父母教训孩子那样数落着撒迦利亚，撒迦利亚在大帐篷前停下了车。大本营比他们到达那晚显得更加热闹。

戴夫和安东尼立即走向了路虎车，开始询问状况。

“肖恩！到底发生了什么事，伙计？”戴夫激动地问道，“今天早上就没见到你们，阿利说你们和撒迦利亚走了，然后他又一个人走回来了！”

“我们很好。”

“那么，你们这一天都跑哪去了？你们都干什么了？”戴夫不断地刨根问底，用手挽住肖恩和阿什利两人的胳膊，把他们迎到篝火堆旁。

“我们想先去洗个澡。”阿什利说。

“不告诉我们各种细节，就休想去洗澡。”大家都坚持让他们马上说出具体情况。戴夫倒了两杯品乐塔吉红酒，肖恩和阿什利选了个离篝火近的地方落座。

他俩历数了狮子捕猎、角马过河、猎豹大开杀戒、长颈鹿、猫鼬，当然还有车子出状况的事情。

“我的天啊，”玛丽说道，“真是不平凡的一天啊！你知道你们有多幸运么。我们到现在还没见过猎豹或狮子捕食呢，而且我们到这都已经一个星期了。”

“这都归功于撒迦利亚。他知道应该带我们去哪里参观。就仿佛动物都跟他商量好了似的。”肖恩答道。

“啊，我们的神秘人。”戴夫说。

肖恩起身站在篝火堆边缘，望着跳跃的火苗，跟大家说道。

“撒迦利亚是位出色的思想家，对丛林和丛林中的生物有着深厚渊博的知识。记得昨晚他跟我们说我们应该把塞伦盖蒂上的迁徙看作是通向成功的路线图，随后继续向我们解释了角马是如何运用自己的忍耐力成功克服困难的。那只是第一种动物的本领。还有很多，很多。”

“还有多少？”

“我也不确定，但是今天他又和我们分享了四种本领，分别来自狮子、鳄鱼、猎豹还有长颈鹿。它们展现出的独特技能绝对是令人瞠目结舌的——每一种对克服它们的困难起着重要作用。而每种本领显然能够充分应用到我们的生活中去——在生活和工作中同样适用。”

“也教教我们吧。”安东尼说。

肖恩开口说之前，撒迦利亚和阿利加入进来，戴夫于是开始有意戏弄撒迦利亚。

“所以，撒迦利亚，加利福尼亚人到这儿的第一天，你就把他们孤零零扔在非洲丛林里，让他们两个人提心吊胆的么？”

撒迦利亚还没开口应答，阿什利进行了回击：“我们当时一点也没害怕，只是保持警惕。而且这是我们到这儿的第二天了。此外，我们一直受到陪伴和保护。”

“什么样的保护？”

“猫鼬一家。”

“猫鼬？你在开玩笑吧？那些小家伙见到什么都会跑开。”

撒迦利亚用低沉、平静的嗓音说道：“肖恩和阿什利绝对是安全的。他们待在吉普车里，离营地也很近，而且所待的地方也不会有食肉动物出没。距离我们最近的狮子们刚刚在早上捕获了一头大型角马，而且还在大快朵颐中。此外，猫鼬比你想象的要勇敢得多。塞伦盖蒂草原上生活着七种拥有生存技能的动物，它们便是其中一种。”

“有七种？”肖恩惊奇地问道，边说还用手指数着数，“你只和我们说了五种。”

这时每个人都支起了耳朵。

“求求你给我们讲讲猫鼬的独门求生绝技吧，撒迦利亚。”阿什利央求着。

“其实，猫鼬每天都花大量时间来觅食。它们具有极强的冒险精神、胆量过人有时甚至是无所畏惧，它们经常会无畏地踏入未知的领地。我就曾经见过成群结队的猫鼬凶狠地围攻一个进攻者，你压根就不会想到那些小家伙会做出这样的事情来。”

雷蒙德给篝火添了点木头，以确保大家不会感到夜晚的凉意。火苗随即又开始翩翩舞动起来。

“一般规则是这样的，猫鼬在战略上要胜过那些肉食动物。它们身形矫健灵活，在紧急关头它们可以爬树或是游泳。但就是由于它们所拥有的勇气以及愿意承担风险的精神令它们变得独一无二。”

“所以敢于承担风险是它们的一种本领了。”肖恩惊叹道。

撒迦利亚冲肖恩笑了笑，然后继续说道：“生活永不静止；冒险是生活中的一个组成部分。如果你仔细观察，把握机遇就像呼吸那般简单。尽管我们的猫鼬小家伙与那些身材和它相仿的动物比起来要更加富有冒险精神，但请不要搞错一件事；那就是它首先会非常仔细地对自己面临的选择做出评估。”

“我现在明白这种本领怎么应用到我们的生活中去了。我们在做生意的时候一直都在冒风险。”肖恩说道。

“是的。即使自己创业风险巨大，你仍然还是这样做了。应对风险偶尔会在当下令人感到不知所措，所以不会做出任何动作。对变革以及未知状况的恐惧限制了我们发掘新的、令人兴奋的或是很有可能更高等的替代方法。”

“为了能够像猫鼬一样面对逆境，你需要在做出决定前对所有选择进行评估。你是否正在承担一项你能搞定的风险？如果不是，重新审视自己想要达到的目标，然后制订一个能够令你成功的备用计划。风险等级的高低和你选择的路径有重要关联。有时风险等级最大的通路往往带来最高的回报。”

“但是在美国的生活和这里的有着天壤之别啊。”安东尼惊呼道。

“当然，确实不同；但其中蕴含的智慧则是相同的。智慧在应用这些技巧的时候就体现出来了。”

撒迦利亚停顿了片刻，让大家有足够的时间来消化他刚才的论述。“考虑下这个问题：现阶段，你认为什么是不可能完成的？”

“找到另一份工作。”安东尼淡淡地笑着说。

“很好。但它之所以不可能完成是因为你已经限制了自己的选择。”撒迦利亚解释道。

“什么意思，我限制自己的选择了？我联系了不计其数的向华尔街推荐人才的职业介绍所；而且还给我之前合作过的一些商业伙伴打过电话。”安东尼反驳道。

“那些都是非常重要的步骤——但这些大家都能想到。这并不是说你不应该那样做。但是考虑下这件事：你是否已经在你熟悉的领域内外尝试了所有的选择呢？”

“比如什么？”

“嗯……让我们想想。你的才能是不是可以在别的国家派上用场呢？或者，你可以开辟一个比现在这个行业存在更多机会的新职业领域，学习一种新的技能？或是试试能不能收购一家小型企业？”

“太棒了！你说的这些我压根儿就没考虑过。但我不确定那些路是不是走得通。”

“这就是需要我们计算的地方了。承担风险并不意味着我们要接受每个自己蹦出来的选择。如果猫鼬要是那么鲁莽的话，小命早就没了。承担风险的意思是你要探索未知因素，迎接新的机遇，以及不要让恐惧成为绊脚石。”撒迦利亚说道。

“那些不惧怕风险的人们抢走了我们还没有坐到的位置。他们看重的是这些机会可能会发展成什么样，而不在乎现在是什么状况。他们情愿打破生活的现实，进入未知的领域求索。不能允许自己被社会与情感界线限制住，也不能让社会现实观念、信念与自己给自己施加的束缚牵制住。”

“我也弄清了如何把这种技能应用到家庭生活中去，”阿什利说道，“虽然我们的两个女儿才 20 出头，家长们都知道的一件事情就是孩子长大过程中伴随的风险。衡量面前的选择和做出会影响到孩子们的决定，没有一天不是这样度过的。尽职的家长会考虑那些影响孩子日常生活的决定所带来的后果 。”

肖恩觉得归根结底一切都在于如何经营自己的生活以及管理自己做出的每个决定。每所学校中的教授都在不厌其烦地传授风险与回报理论。自己开公司创业之时风险就相随左右，现如今依稀存在，每天都会出现。撒迦利亚说得对。他每天做出的决定中就隐藏着风险。

“我们不应害怕恐惧，同时我们也不必害怕风险。走出自己熟知的领域并做出改变是完全值得的。它让我们意识到生命不仅仅包括变化，而且还存在着规律，它就是我们之前走过的条条大路，只是换了个名字那么简单。”

“尽管我不想成为将今天的讨论告一段落的那个人，但我必须得回去检查今天收集到的数据了，而且还得为明天一早飞到马赛马拉做准备。如果大家没什么意见的话，我就在此别过了。”

“我赞成。今天是令人精神振奋的一天，但我感觉浑身每个毛孔都填满了灰尘，”阿什利说道，“我一直就盼望赶紧用两桶水冲凉呢。”

大家都笑了。塞伦盖蒂草原重新定义了沐浴的艺术。

技能六：冒险精神

概要

在困境中获取成功的人想必会是甘冒风险的人。但是必须像猫鼬一样，做出决定前，要对蕴含各种机会的选择进行评估。

风险承担者时常会审视目标并为达到最终目的地制订各种路线。通常状况下，他们会选择高风险的做法以收获最大回报。许多风险承担者有着如下特质：

- 有通过分析认识到潜藏陷阱，克服与风险一并出现的恐惧的能力。
- 把令他人固步自封的变革看成是需要跨越的另一简单障碍。风险承担者往往看重的是事情发展变化的结果，而不是事物现在的表象。他们情愿采取一切必要措施来达到令人满意的结果。
- 时刻做好准确，从社会以及商业行为所施加的社会与情感界限中挣脱出来，打破旧的观念、信仰与限制。不受他人观念的影响，公开、自由地表达自己的想法。

- 熟练地找到方法避免风险的出现，在设定环境中充分利用可行的优势。
- 准备好对报偿进行评估，分析其是否值得承担风险所付出的代价。虽然意识到这个项目不一定会获得成功，他们仍心甘情愿把个人时间花费在项目上。
- 拥有乐观的态度，容忍可能出现的失败，但拒绝被前景压垮。
- 拥有踏步迈入未知领域的勇气，确保达到目标。

说到危险等级时，每个人都有自己的适应度，但无论承担多少风险，积极向上的态度对成功而言十分必要。如果疑虑和恐惧超过期望与乐观，成功则不太可能出现。小的成就增长、巩固信心，拥有信心则会承担更大的风险并取得更大的目标。

把这项技能发挥到极致

成为一名驾轻就熟的风险承担者的第一步，是要避免导致失败的两大陷阱：不要“忽略”风险，或是主观臆断地认为你对此无能为力。同样重要的一点是不要把风险想得过于可怕而不采取行动，甘拜下风。这样只会导致失败，并令其占据主动权，进而频繁依赖他人的帮助。那些不屑于采取行动的人永远享受不到风险带来的回馈。

一旦你选择放手一搏，下一步就是借由事实来支持你所做出的决定，以此减少恐惧感。诸位必须接受这样的一个事实，失败是最坏的一种结果，然后带着积极乐观的态度前行。

头脑中记住这两点便可以让我们在采取任何行动前，把承担风险的过程转变成对付出与所得做出测评的机制 。

谨记：每项风险中都包含着获得成功的机会。

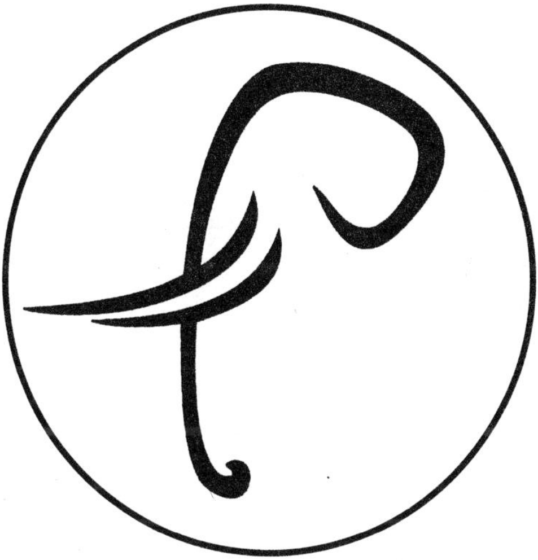

第八章

善于沟通的大象

第二天清晨天高云淡，地平线上仍然残留着天空破晓时的一丝橘色。吉普车已经被拖回营地了，经过一些小修理，可以再次上路行驶了。

阿利再三提议送撒迦利亚去机场，因为雷蒙德很早就动身带着戴夫、玛丽、安东尼还有塞西莉亚去乘坐热气球观看日出去了。肖恩和阿什利已经决定放弃这次乘坐热气球的机会，以便能和撒迦利亚最后再进行一次交流。

四个人都宅在营地里，肖恩再次展开了之前讨论的话题。

"撒迦利亚，昨晚你说一共有七种技能本领。我躺在床上只数出了六种：坚韧不拔的角马，深谋远略的狮子，胆识过人的鳄鱼，办事效率很高的猎豹，仪态优雅的长颈鹿，还有敢于承担风险的猫鼬，我还落下谁了？"

撒迦利亚笑了笑，说道："不是你忘记了，肖恩，我们只是还没有见到掌握第七种本领的动物。"

"嗯，好吧，那在回国前一定得让我们见见啊！"肖恩央求着，"不把所有的生存技能教给我们，你就不能走啊。"撒迦利亚冲着阿利瞥了一眼，笑了起来。

"嗯，你们真是太走运了，"阿利边说边笑，"刚才拖车回来的路上，我们遇上了最后一种你们还没见过的动物。我们几分钟内就会撞上他们的大部队的。"

"什么动物的大部队？"阿什利问道。

"仔细听着。"

肖恩和阿什利两人面面相觑。他们支起耳朵听了，但听到的只是附近一些树叶被风吹过时发出的沙沙声。

现在还没到早上 9 点，但他们都觉得今天注定是非常热的一天。肖恩和阿什利分别倚靠在吉普车两侧，眼睛盯着灌木丛里。

"伙计们，你们准备好上最后一课了么？"撒迦利亚举起手问道。撒迦利亚指着右手边，阿利便把车停在了路边。肖恩和阿什利所能听到的就是一些唧唧喳喳的鸟叫声——接着是一阵轰隆隆的声音。轰鸣声愈发清晰，并且伴随着树木断裂的声音。

说话间，一头体型庞大的大象从灌木丛中冲了出来，来到了平原地带。阿什利和肖恩定睛观瞧，眼前出现了平生所见过体积最大的动物。

“这是领头的母象。年纪已经有 60 岁了，在我们到达前就已经把这片地区都走遍了。它不发话，象群中的成员谁都不敢轻举妄动。”

肖恩不错眼珠地盯着离吉普车 50 米开外的母象——相比之下，吉普车忽然间变得异常渺小。

“我听到的轰隆隆的声音是什么？”肖恩问道。

“那就是它们之间沟通交流的方式。这种低频的声音几千米以外都可以听到。它们会用鼻子发出平缓短促的声音配合轰隆隆的响声以显示出行动的轻重缓急。”

“哦，真是一种令人印象深刻的动物啊。”肖恩评价道。

“它们的确如此，”撒迦利亚回答肖恩说，“没有其他动物，包括狮子在内，在历史上会引起如此大的关注。自从时间起源以来，大象极大地激发了人类的想象力。”

领头的母象将鼻子抬起，呼吸着空气。毫无征兆，它开始扇动耳朵，仰起头，大声疾呼。

随后向众人冲了过来。

“阿利，我们赶紧撤退吧！”阿什利惊声尖叫着。

“不用，坐着别动。”阿利沉着地说道。

出于本能反应，阿什利躲到了座椅后面。

母象跑了几步之后，在一阵灰尘缭绕中突然急刹车停了下来，鼻子仍然高高举过头顶。大家仍一动不动地坐着。

母象呼扇着耳朵，发出震天的响声，它掌控了周围的一切。刹那间开始，瞬间又都结束了。

“一次模拟演习而已，”撒迦利亚说道，“警告我们不要再向它们靠近了。大象是天性非常温和的动物，一说到它们的空间——尤其是靠得太近的时候，你就是自己给自己找麻烦。我猜小象们一定在附近。”

正如撒迦利亚所言，象群中的其他成员从树丛后走了出来。走过道路时，大象们显示出了强烈的等级性。上了年纪的和身材高大的大象站在路的两边，身后的小象紧跟着走过。当大部队都安全地通过后，母象首领才发出信号，开始后退。

“大象成群结队生活，通常都是由经验丰富的长者，如这群大象中的母象，来维持秩序。它们的社会结构比较独特，每个成员有着明确的工作职责：有的负责看护工作，有些拥有专项技能，还有些专门保护下一代小象。那些小象大概 4 到 6 岁，在幼年期会学习各种必备的技能。”

“象鼻是由多达 1 万块肌肉组成的神奇的多功能设备。鼻子能敏感地嗅到 12 千米以外的水源，而且足够有力，能折断一棵大树的枝干，但也能精巧地卷起一块玻璃片。”

“我在马戏团里看过大象，”阿什利说，“但是这里的大象看上去好大啊。”

“非洲象重约 3.6 吨，是世界上体型最大的动物。马戏团中的一般是印度象，体重只有非洲象的一半左右。”

“所以它们处在食物链的最高层级。”阿什利说道。

“虽然你是这么认为的，但它们其实不是。它们不是食肉动物，主要吃草、树叶、树皮还有水果，有时甚至会推倒一棵老树吃它的根部。”

“这样不会让它们容易受到伤害么？”

“根本不会。因为它们是世界上体型最庞大的哺乳动物，所以这意味着它们没有天敌。它们也显露出和其他许多动物保持长期合作与共赢关系的能力。大象表现出同其他同类有效交流的非凡能力，这样做是为了能够把广博的知识传授给后代。它们有能力从同类和周边环境中捕捉以及解读70种不同的声音。它们的沟通技巧还包括体现出幽默感或是对同类寄托哀思，甚至是领导其他大象的能力。”

“哇，这可真算得上是一次货真价实的学习体验啊。”

“千真万确。作为世间最为聪明的生物之一，大象大脑与身体间的质量比排在人类之后，位居第二。毫无疑问，它们运用独到的技巧与本领进行有效的沟通。”

“有效沟通是一门有关成功传递信息的艺术。”

“所以，撒迦利亚，沟通是第七种本领吗？”肖恩问道。

“是的，正如我之前所说的，大象掌握一种独特的技能，通过不同种类的声音进行相互沟通交流。据说它们还能够通过脚底敏感的脚垫来检测10千米以外的信息。但更令人称绝的是它们还能通过接触进行交流。这种技能不仅能保证个体象群得以生存，而且整个物种也因此得以代代延续。沟通这项技能通过视觉、听觉、触觉代代相传，确实是一项了不起的本领。”

肖恩对沟通的复杂性再清楚不过了。尽管大多数人都在说话，但真正倾听的人少之又少——而能够做到有效地表达自己观点，令他人能全面、正确地理解其含义的人简直凤毛麟角。现今，肖恩发现大象掌握沟通这项本领。但为什么还是这么令他吃惊呢？他已见过六种动物成功展现独特本领，而这些本领能够帮助人们在生活以及工作中获得成功。

肖恩从思考中跳脱出来，对自己在公司中的话语权比之前要更加着迷了。“太惊奇了。虽然有效的沟通对成功而言是非常重要的技能，但太多人都认为自己是个出色的沟通者，而事实却正好相悖。我如何跟公司团队解释这种重要技能的不同方面呢？”

“这个嘛，”撒迦利亚说，“无论通过怎样的渠道，几乎所有的沟通都是一样的。里面包含两个人：言语发送者与接受者。为了保证对话成功，接受者必须按照发送者发送言语时的用意来理解信息。所以在张口说话前，首先要确定的是你想说的内容以及目的。确保你的信息是清晰与简洁的。如果信息冗长，混乱无序，或是包含错误，最后很有可能信息被误解。如果信息和所表达的意图不符，他人可能会误解。”

“其次，你需要决定传送信息最佳和最有效的通道。

科技的出现——包括网络以及社会媒体促进了其他形式媒体的无限增长。每种渠道都有自己的优缺点，需要谨慎选择。”

“最后一点是要了解接受者的文化背景以及知识等级。每条信息都需要量身定制。有效的沟通是一门有关组织语言、语音和语调以及身体语言的艺术。”

“出色的解释，撒迦利亚。你已经掌握这些技巧了，”肖恩评价道，“有意思的是你也提及了非言语沟通方面。许多人都关注在口头语言的表达上，而他们都忘记了那只是沟通中的一部分而已。他们总是忽略掉非语言表达其实扮演着同样重要的角色。”

“说得很对。语言与非语言的交互作用在商业谈判中被放大功效了，”撒迦利亚说道，“因为谈判中的关键要素是要影响决策，所以就需要完全了解其他参与方到底是何方神圣。”

“这个在我们个人生活中也同样重要。”阿什利说道。

“毫无疑问。对父母一方或是配偶来说，要达到真正地接收信息，则必须要停止为接下来所做陈述做准备的动作，转而要关注对话另一方在语言和非语言方面沟通的内容。语言经常无法准确匹配非语言的信号。有时候我们认为自己在倾听，但实则我们完全没有注意到他们说些什么。”

“听见了么，亲爱的？”阿什利打断说道。

肖恩没好气地瞟了阿什利一眼。

撒迦利亚偷着笑。世界上所有的已婚妇女都是一个样。

“最为困难的谈判经常出现在日常生活中——尤其是和我们最爱的人在一起时。情感——包括消极与积极的——在沟通中扮演着至关重要的角色。你的方法要是积极向上的，我们则会拥有更多的自信，而且更倾向进行合作。这样更容易增加机会，所有参与者会达成相互赞成的解决方法。另一方面，采取消极的以自我为中心的方法则会适得其反——让我们变得竞争意识更强，相反合作性则会削弱。”

“掌握任何一种本领都需要时间、努力和耐心。但第七种本领尤其重要，因为我们大多数时间都在沟通、谈判以及做出决定。沟通是我们最常使用的技巧，对很多人来说，这是需要付出很多努力的一种技能。如有疑问，和与你沟通的那人询问他们收到什么样的信息则是一个不错的主意。”

他们已经开了一个多小时的车了，阿利把车停在跑道旁的空地上，赛纳斯公司的飞机已经停在那里了。他们和撒迦利亚相处的时间不多了。

肖恩放眼眺望眼前的大草原。仅仅两天之前，眼前的风景、气味与声音一切一切对他来说都是陌生的。而现在，非洲的脉动和他永远融合在一起了。

“那么，你是哪种动物？”肖恩问撒迦利亚。

“既然你已经学习过所有生存技巧了，你或许能告诉我我主要的技能是哪种。”

“哇，现在轮到我说了。让我想想，”肖恩自言自语道，“像角马般有毅力——不确定，和狮子一样有计谋——有可能，胆识过人的鳄鱼——不像，优雅的长颈鹿——不确定，像猎豹一样有效率——有可能，像猫鼬一样承担风险——你不是，和大象一样善于沟通——有可能。所以缩小范围，就剩下狮子、猎豹或是大象了。这需要头脑中有战略观念，才能发掘并且计划这些技能，你的指导能力没有任何问题，而且你制订任务时的高效、追踪动物并且监控它们行为的能力令人印象深刻。所以你的技能是规划、分享或是组织。”

“分享。给予人指导，你是个讲故事的人。就是这样。沟通是你与生俱来的生存技巧！”肖恩兴奋地喊道。

“观察得不错——在非洲只待了两天就这样了！”撒迦利亚笑着说道，“你说的很对；我是头大象。”

“谢谢你，撒迦利亚。我们因为和你一起度过了两天而感到非常高兴。”肖恩说。

“荣幸的应该是我。你们愿意向大自然学习，所以也要感谢你们能够开放思想。大迁徙每年都要进行；但是今年，你们能够来到这里并且理解自然带来的其他好处。你们两个现在必须回到大本营了，把这七种本领尽你们所能和大家一起分享一下。”

“这七种能力中有没有哪一种比其他的更重要呢？如果我感觉自身要多过两种本领呢？我能拥有不同的本领么？”肖恩一股脑地提出了很多问题。

“放慢点，肖恩。你还有很长的发现之旅要走，你会发现有些问题自己就会迎刃而解了。或许一会儿你可以让阿利跟你们说说如何把多种本领进行平衡。”

“好的，但在你离开前，撒迦利亚，你得告诉我我是哪种动物。”肖恩说道。

“哈，我可不能告诉你这个；你需要自己决定。尽管有些人从没能发现真我，但他们却已经行走了很远。我坚信你不久就会知道了。”

和撒迦利亚告别要比肖恩和阿什利想象的更加艰难。他们交换了电子邮件地址并且承诺保持联系，但是肖恩心里还是空落落的。过去的场景又突然浮现在眼前，只是即将转瞬即逝。

“你要是想清楚了，立即告诉我。”撒迦利亚跟肖恩说道。关上飞机舱门前这句话一直在空中回响，随后便在飞机的轰鸣声中销声匿迹，听不真切了。

阿什利走回了吉普车，肖恩站在跑道旁看着飞机起飞。他向撒迦利亚最后一次挥手的同时，能够看到撒迦利亚紧紧地把手按在飞机舷窗上。

技能七：沟通

概要

如同大象之间一样，在日常生活或生意场中，人与人之间成功的关系取决于良好的交流沟通。高效的沟通者都明白当传递想法时，最好的方法并不一定要说很多话。事实是，说的越多，我们的信息就越晦涩难懂。

我们传递的每一组词语伴随着非语言信息，能够为理解话语含义提供帮助。经验丰富的沟通者非常明白语言和非语言交流的重要性，并表现出如下特征：

- 他们同时擅长倾听别人的话语，花时间理解、吸收信息中的细节。
- 他们会把建立在一些只言片语上的独白升级发展成为真正的对话，对此乐此不疲。他们意识到采用积极的态度能让他人感到更加自信，这样反而更容易进行合作。

没有坦率的反馈，就没有真正的方法能够让人们知道自己如何有效地完成既定目标或如何影响到他人。一些人愿意接受甚至寻找反馈，而另外一些人却把它看作是批评。那些倾向不接受反馈的人们总是消极地应对。他们把自己封闭起来，很快便会成为不活跃的倾听者。

那些公开接受反馈的人会真心倾听别人的话。他们对寻求对话机会，对获取他人观念尤其感兴趣。

有两种给出反馈的方法。一种是效率低下的方法，带有侵犯性，主要盯住他人的缺点。反馈一般很空洞模糊，不友好，不尊重他人，用一种评判的强调表达出来。而积极的方法是提供有价值以及有建设性的评论，能够令接受者做出改变。那些提出建设性意见的人是善于真正地做到与他人沟通或是帮助他人的人。

把这项技能发挥到极致

表达自己的观点时也要对他人的立场进行换位思考，要真心地尝试倾听他人之言。做一个积极的倾听者要给出有质量的反馈。需要在开口说话前进行思考，遣词造句不光要表明自己的观点，也要从对方的角度考虑问题。

成为富有成效的交际沟通者，需要留心以下四种沟通信息源：

- 留心倾听他人真正想要表达的信息，而不是只关注自己的观点，从而提升言语交际质量；倾听与反馈他人的信息。
- 确定自己的非语言交际——如手势、仪态、姿势、面部表情以及眼神交流——与语言信息相匹配。
- 良好的书面交流要保证“言简意赅”的规矩。语言精确，语法正确，清晰与简练——尤其是通过电子表格形式交换意见的时候。
- 有效的视觉沟通包括以下几点：使用照片、符号、标示等，不会令言语或文字沟通出现混淆状况。

谨记：只有当言语发送者与接受者理解相同信息之时，沟通才会卓有成效。

第九章

回到起点

“我到底是什么动物呢？”肖恩爬进吉普车后排，一直思考这个问题。他自己苦笑了起来；这是他第一次没有本能地摸他的黑莓手机。

“我刚跟阿什利说到，我们仍然能够吃到每次热气球之旅之后，一定会供应香槟的早午自助餐。”阿利说道。

“好啊，我们一定要吃！”肖恩应付着答道，但并没有用心在听。

感觉到肖恩陷入了沉思，阿利和阿什利两人也一路无话地开着车。开了不到10分钟，他们发现在前方道路正中央停着辆路虎车。在车左侧不远的地方，摆放着一张能够坐六人的餐桌。餐桌后面支起了两顶帐篷还有张桌子，上面放着煤气炉和炊事用具。篝火上架着个水壶正在烧水。

雷蒙德走出了临时搭建的炊事帐篷，身后飘出一股诱人的香味。

在丛林中这简直是五星等级的招待了。阿什利对于他们无时无地能够制造出舒适与奢华感而感到吃惊。

阿利手里握着酒杯走到桌子上手处，准备敬酒：“因为明天在座的各位就要动身回国了，我想利用这个机会感谢你们来到我们的世界参观。我们真心希望大家能够平安回到家里，带着塞伦盖蒂的一点回忆相伴永远。如果还有机会，你们有一天会回到这里的。”

“好的，好的。”大家异口同声地说道。

大家都举杯抿了一小口，随后肖恩站了起来：“我要代表大家，感谢阿利、雷蒙德和这个团队的其他队员，谢谢他们提供的令人印象深刻的服务、完美无缺的食物，以及他们的殷勤好客。不知道安东尼、塞西莉亚和戴夫以及玛丽的期许，但就我和阿什利而言，我们被你们真心地震撼了，我们会把这段经历添加到最令我们难忘经历的榜单中去。阿利，雷蒙德，衷心地感谢你们。”

“感谢，感谢。”大家再次一同回应道。

“给各位提供服务是我们的荣幸，你们享受和我们一起度过的时光，这令我们非常开心。”

肖恩继续说道：“阿利，我能问你一件事么？”

“当然可以。”

“撒迦利亚跟我说，你会教给我们如何在多种生存本领中找到平衡。”

“我哥哥太令人吃惊了。”

肖恩大吃一惊：“撒迦利亚是你哥哥？”

“是的，我们家一共五个孩子，他排行老大。”

“太令人吃惊了，”安东尼说道，“你怎么没有在我们到这儿的第一晚，就告诉我们那个神秘人是你的哥哥？”

“时机成熟了，你们自然会知道。”

大家都默不作声，盯着阿利。

“这七种本领，”他开口说道，“为洞悉生存与蓬勃发展提供了独特的视角。并不是因为我们是动物，也不是因为我们应该努力做到像它们一样。而是与塞伦盖蒂草原残酷的现实有关，一幕幕的生与死凸显出每种动物的本领，也因此提供给我们向动物学习的机会。安逸的现状常常令我们自满——也就无法发现与提升我们的本领了。”

“和我们共存这个星球的同胞——无论肤色、种族或宗教都要存活下来，繁衍后代，传播爱的火种，并且兴旺发达——很像塞伦盖蒂草原生活的动物们。我们有责任把每天过得尽量充实一些，和身边的人们分享所知的一切。”

他继续说道：“假如你是生活在塞伦盖蒂草原的某种动物，那么你独一无二的生存本领就是你自动掌握的那种。在塞伦盖蒂草原生存下去需要找出自身技能并把它发挥到极致。”

不一会的工夫，阿利仿佛变了一个人似的。阿利与撒迦利亚似乎变成了一个人，传达着同样的信息。

“当你迈出发现自身生存技能的第一步后，必须要记住主导成功与失败的并不仅仅是这一种本领。相反，是由多种素质与能力综合而成的。尽管有些天生好运气的人们拥有多种才能，但还需我们经常去适应以及学习、扩展我们的技能组合。许多情况下，公司会挑选不同才能的人组成一个团队。甚至是在婚姻或是交往中，丈夫与妻子会针对拥有的不同能力进行互补。”

大家又都陷入了沉默中。

“此外，随着年龄的增长，还需要不断对自身进行提升。在座的各位都要学会向他人学习，同时也要承担职责，通过分享自身独特的技能帮助他人——就像每种动物的做法一样。时间流逝，我们有责任既要接受别人的指导也要给予他人指导。”

“哇——你把相互平衡关系演绎的头头是道啊，”肖恩说道，“我们肩负的责任重大啊。”

“我们开回大本营的路上还有一点时间留给你们去思考。”阿利最后说道。

“发现独特的生存本领后方可把此项技能发挥到极致。”

这晚，肖恩和阿什利收拾好行囊后，坐在他们拥有三间房的五星级帐篷中回忆着令人兴奋的这几天行程。

阿什利挽着肖恩的胳膊。“做好回加利福尼亚再次面对困难的准备了么？毕竟，我曾经向你保证过，当我们回去的时候，它们还会老老实实地待在那里的。”

“我们赶紧去休息吧，你明早还有很多要考虑的事情呢。”

“你到底是哪种动物，阿什利？”

“亲爱的，明天告诉你。晚安。”

“晚安，亲爱的。”

肖恩躺在床上静静地聆听随着夜幕降临接踵而至的声音。其中的许多声音不再陌生：土狼那高亢的笑声，远处狮子的低吼声，行进中角马震耳欲聋的蹄子声。

第十章

尾　　声

肯尼亚的马赛马拉保护区，位于角马昨天渡河的格鲁美地河东北 200 千米远的地方。撒迦利亚趴在一块岩石上。这片塞伦盖蒂以北的地区在过去的几周时间内一直下着雨，现在的草地变成了令人啧啧称奇的天堂。

再有几天，第一批角马的队伍将会从南方迁徙至此，迫不及待地享用郁郁葱葱的青草。他喜欢观察动物每年的迁徙，并因此获得快乐——这让他体会到存在感。

他还喜爱与自然亲近。天空中的群星与地平线上呈现出的金黄色和深红色交相辉映。今晚有如图画般完美无瑕。

突然，他感觉到苹果手机在震动。肖恩发来了一条信息；他和阿什利在飞往美国的途中经停内罗毕机场，黑莓手机又重新有了信号。

手机屏幕上只显示出两个字：猎豹。

撒迦利亚满意地笑了起来。

肖恩踏出了自我发现征程中的另一步。

第十一章

我是哪种动物

如果诸位愿意倾听，大自然还有很多事情乐意和大家分享。

在东非塞伦盖蒂大草原独自度过的数小时令我有机会观察到大自然是如何保持其独特平衡的。有时自然界看上去似乎冷酷无情，我们对此无法完全理解。我愿第一个做出声明，承认自己对大自然还不够了解。通过比以往更加近距离地观察大自然，我们获得了宝贵的学习经验，并对此心存感激。正是由于这段亲身经历，我才能够详尽地解释这七种本领——希望对读者的人生有所帮助。

在这里，需要分享一些基本原则：

- 动物中分为食草动物、食肉动物以及杂食动物。食草动物享用青草和其他植物，食肉动物吃食草动物和其他肉类，而没有什么东西是杂食动物不吃的。

- 无论群居还是单独居住，动物依照严格的行为准则而生存，这些准则涵盖了众多早就成为习俗的生活习惯。每种动物都因其自身特性和在自然中扮演的角色出现在相适宜的场合中。
- 每个物种不仅因自己种族生存的需要而进行奋斗，同样也因自然本能繁衍后代——这是生命轮回的精髓。那些在塞伦盖蒂草原上出生入死的动物们所面临的挑战与我们所面对的则不同，动物们用来克服艰苦生存环境的七种生存本领能够帮助我们摆脱逆境，过上更加舒心的生活。

非洲野生动物基金会

非洲野生动物基金会（African Wildlife Foundation）与非洲人民一道致力于保护非洲的野生动物以及土地世代延续。

这个创建于 1961 年的全球性保护组织在独特又有交集的领域开展工作：保护野生动物、保护土地以及给予人们力量与权利。

其独特的保护方法是，保护那些为大型景观提供生态和经济支柱作用的地区。一个典型的例子就是马赛马拉草原腹地地区，它是东非塞伦盖蒂草原所在地以及每年角马迁徙的必经之地。

为了感谢非洲野生动物基金会对保护非洲野生动物和土地做出的贡献，《跟动物学生存》英文版部分销售额将捐给非洲野生动物基金会。

鸣　谢

汤姆·米切尔（Tom Mitchell），这本书的字里行间都有你的身影。我对你的热情与坚定不移的决心感激不尽。

感谢我的两个儿子，泰诺斯（Tinus）和蒂杰（DJ），我不能要求你们给予我更多支持与帮助了。感谢你们的帮助，书写本书的过程中和你们一起工作乐趣非凡。希望本书能够经常提醒你们获得成功所需要的本领以及追随梦想的重要性。

当不确定的事情在身边弥漫时，那些给我们信任的人在我们心中占有特殊位置。你们的支持为我完成这次旅行加油打气，而你们对此却全然不知：我衷心感谢马克·威利斯（Mark Willis）、罗恩（Ron）、亚历山德拉·西格尔（Alexandra Seigel）、肖恩·布法拉（Sean Burala）、戴尔·斯廷顿（Dale Stinton）还有卡西·海灵格（Cassie Hillinger）。

我同样还要感谢在房地产行业工作数年中，那些在活动中、生意中或是网络中所遇到的无数顾客和支持者。你们当中的许多人都和我成为了好友，并且令我20年前移民美国的过程异常愉悦。要不是因为各位，我这个阶段的人生则完全会是笑谈。再次感谢大家。

与此书关系更为紧密的几位友人，史蒂夫·哈里森（Steve Harrison）、布兰登·布哈德（Brendon Buchard）、约翰·乌尔曼（John Ullmen）博士还有杰伊·帕帕森（Jay Papasan），对我完成《跟动物学生存》一书有着极大的影响。你们的指导对本书的进度与信息的提炼有着贡献作用，也因你们的关系，令我开始了一些新的友谊，而因为这些友谊，为我带来了勇气与价值珍贵的信息——例如伊丽莎白（Elizabeth）、卡拉（Carla）、桑德拉（Sandra）、洛根（Logan）、吉尔（Jill）等——祝愿各位在生活和工作中获得成功。

每本成功著作的背后都有一个专心致志工作的团队，出版经纪人、编辑、出版人还有顾问。感谢我的团队中的成员——伊桑·弗里德曼(Ethan Friedman)、理查德·纳兰摩尔(Richard Narramore)、芭芭拉·亨里克斯（Barbura Henricks）、罗斯蒂·谢尔顿（Rusty Shelton）、凯文·斯莫（Kevin Small）、蒂姆（Tim）以及泰诺斯·凯宁汉姆（Titus Keiningham）、卢克·威廉姆斯（Luke Williams），还有那些在这里我未曾提及姓名的朋友们——谢谢你们。

最后，我要深深地感谢成为我妻子30年的艾拉（Era）。谢谢你伴随我每分每秒追寻我的梦想——我爱你！

作者简介

斯特凡·斯瓦内普尔（Stefan Swanepoel）出生在非洲肯尼亚的塞伦盖蒂大草原，35 岁前他的生活轨迹主要遍布肯尼亚、香港和南非等地。作为外交官的儿子，他对旅游了如指掌，有着游历全球 30 多个国家的第一手经历。

他的学术成就包括理科学士学位、商业经济学硕士学位，并且还拥有仲裁、兼并与收购、房地产、计算机科学以及市场学等学科文凭。他还是七家公司和两家非营利机构的首席执行官。

斯特凡现已有 19 本专业著作，范围涉及商业发展趋势、房地产、社会媒体等领域，被认为是房地产商业发展领域的著名专家，还被选为“房地产领域最有影响力的 100 人”之一。

今天的他又担当了新的角色——专题演讲人，抓住了全球听众的心。他现已举办了 70 多场演讲，观众人数超过 40 万人。

斯特凡和妻子带着两个孩子现居住在加利福尼亚。

图书在版编目(CIP)数据

跟动物学生存/(美)斯瓦内普尔著;岳小乐译. —北京:商务印书馆,2014
ISBN 978-7-100-09759-8

Ⅰ.①跟… Ⅱ.①斯… ②岳… Ⅲ.①成功心理—通俗读物 Ⅳ.①B848.4-49

中国版本图书馆 CIP 数据核字(2013)第 006399 号

跟动物学生存

〔美〕斯特凡·斯瓦内普尔 著
岳小乐 译

商 务 印 书 馆 出 版
(北京王府井大街36号 邮政编码 100710)
商 务 印 书 馆 发 行
北 京 冠 中 印 刷 厂 印 刷
ISBN 978-7-100-09759-8

2014年12月第1版 开本 787×1092 1/32
2014年12月北京第1次印刷 印张 5⅞

定价:35.00元